ROTARY-WING UAV
ASSEMBLY AND TRAI

U0394101

旋翼无人机
装配与训练

胡永江　赵月飞　主编

北京理工大学出版社
BEIJING INSTITUTE OF TECHNOLOGY PRESS

内 容 简 介

本书介绍了旋翼无人机的装配流程和飞行训练，其中提供了相关专业术语讲解，并图文并茂地演示了相关操作，便于读者识别各种器件，以及组装和操作飞行器。全书共分为 7 章。第 1 章介绍了旋翼无人机的分类、系统组成，以及多旋翼无人机的用途和发展趋势；第 2 章介绍了包括多旋翼无人机在内的飞行原理；第 3 章介绍了制作旋翼无人机所需的器件，以及如何选配这些器件；第 4 章介绍了遥控直升机的装配流程、试飞、参数调整与飞行训练；第 5 章介绍了四旋翼无人机的装配流程，并对其进行有桨调试；第 6 章介绍了在实飞前进行模拟训练的流程和方法；第 7 章介绍了实飞训练及飞行技巧。

本书适合无基础、无专人指导，而需要完成旋翼无人机的装配和操作的入门人员使用，也适合初级无人机爱好者装配和训练各式旋翼无人机使用。

图书在版编目（CIP）数据

旋翼无人机装配与训练／胡永江，赵月飞主编. ── 北京：北京理工大学出版社，2023.9
　ISBN 978－7－5763－2936－0

Ⅰ. ①旋… Ⅱ. ①胡… ②赵… Ⅲ. ①无人驾驶飞机－装配（机械）②无人驾驶飞机－飞行训练 Ⅳ. ①V279

中国国家版本馆 CIP 数据核字（2023）第 189761 号

责任编辑：曾　仙　　　文案编辑：曾　仙
责任校对：刘亚男　　　责任印制：李志强

出版发行 ／ 北京理工大学出版社有限责任公司
社　　址 ／ 北京市丰台区四合庄路 6 号
邮　　编 ／ 100070
电　　话 ／ （010）68944439（学术售后服务热线）
网　　址 ／ http://www.bitpress.com.cn

版 印 次 ／ 2023 年 9 月第 1 版第 1 次印刷
印　　刷 ／ 保定市中画美凯印刷有限公司
开　　本 ／ 710 mm×1000 mm　1/16
印　　张 ／ 11.75
字　　数 ／ 198 千字
定　　价 ／ 58.00 元

《旋翼无人机装配与训练》编写组

主　　编：胡永江　赵月飞

副主编：李文广　孙　福

参　　编：李爱华　褚丽娜　李文钊　林兆魁

李永奇　任　旭　周赛君　李　灿

贾　帅　林志龙　付　瑭　李柯桦

校　　对：李文广

审　　阅：李永科

前言

旋翼无人机不仅结构简单、冲击力小、安全性高、操控灵活，而且质量特别轻、体积比较小、便于携带，日益受到普通无人机爱好者的喜爱。无人机爱好者不仅享受驾驶无人机的快感，更热衷于驾驶亲手制作的无人机在空中翱翔，因此旋翼无人机成为无人机爱好者的首选。在飞行训练中，往往因为飞手的水平、经验、技巧等不足而出现无人机"炸机"的情况，导致费用增加。为此，我们编写了本书，用于指导初级无人机爱好者装配旋翼无人机，以提高其飞行水平和特情处置能力。

本书主要解决了旋翼无人机在装配流程和飞行训练中的基本问题，内容包括旋翼无人机类型及特点、结构组成及飞行原理、各子系统器件选配、遥控直升机和四旋翼无人机的装配流程及注意事项，还有模拟器训练和实飞训练，从而形成旋翼无人机装配、操作和维修的完整体系。本书理论结合实际、操作步骤完整，既注重旋翼无人机基本结构的介绍、器件参数选配的分析，又注重旋翼无人机的飞行训练及训练方法，可供无基础或初级无人机爱好者装配和训练使用，也可作为高校无人机专业的入门教材。

本书由胡永江、赵月飞担任主编，由李文广、孙福担任副主编，李爱华、褚丽娜、李文钊、林兆魁等参与编写，陆军工程大学李永科副教授审阅了全书内容并提出了宝贵意见。在本书编写过程中，得到了陆军工程大学苏立军、张玉华、王志平、邢娜等教师以及各届参赛学员们的大力支持和帮助，在此一并致以诚挚的谢意。

由于编写时间仓促，加之编者水平有限，书中难免存在不足，敬请广大读者批评指正。

编者
2023 年 8 月

目　录
CONTENTS

第1章　旋翼无人机概述 …………………………………………… 001

1.1　旋翼无人机分类 ………………………………………… 001

1.1.1　常规直升机 ……………………………………… 001

1.1.2　三旋翼无人机 …………………………………… 002

1.1.3　四旋翼无人机 …………………………………… 003

1.1.4　六旋翼无人机 …………………………………… 003

1.1.5　八旋翼无人机 …………………………………… 005

1.2　旋翼无人机系统组成 …………………………………… 006

1.2.1　机械系统 ………………………………………… 006

1.2.2　飞控系统 ………………………………………… 009

1.2.3　动力系统 ………………………………………… 010

1.2.4　通信系统 ………………………………………… 017

1.3　多旋翼无人机的用途和发展趋势 ……………………… 022

1.3.1　民用多旋翼无人机的用途 ……………………… 022

1.3.2　军用多旋翼无人机的用途 ……………………… 025

1.3.3　多旋翼无人机的发展趋势 ……………………… 026

第2章　多旋翼无人机空气动力学 ……………………………… 030

2.1　空气动力学概述 ………………………………………… 030

2.2　多旋翼无人机的飞行原理 ……………………………… 031

第 3 章　旋翼无人机的器件选配 ·· 037

　3.1　旋翼无人机安全须知 ··· 037

　　3.1.1　选配时的安全事项 ·· 037

　　3.1.2　装配时的安全要素 ·· 038

　　3.1.3　使用时的安全习惯 ·· 039

　　3.1.4　储存时的安全规范 ·· 040

　3.2　不同机型的选配要求 ··· 041

　3.3　动力系统参数确定 ··· 045

　　3.3.1　翼载荷 ··· 045

　　3.3.2　推重比 ··· 047

　3.4　动力系统的初步选配 ··· 048

　3.5　调整动力系统的配置 ··· 050

　3.6　遥控设备的选配 ··· 053

　　3.6.1　遥控设备的种类 ·· 053

　　3.6.2　遥控设备的组成及原理 ·· 054

　　3.6.3　遥控设备的使用及注意事项 ······································ 058

　　3.6.4　遥控设备的使用流程 ·· 067

　　3.6.5　遥控设备使用中的注意事项 ······································ 067

第 4 章　遥控直升机的装配与训练 ·· 074

　4.1　概述 ··· 074

　4.2　系统结构组成 ··· 075

　　4.2.1　旋翼与尾桨 ·· 075

　　4.2.2　机身 ··· 077

　　4.2.3　操纵系统 ·· 077

　　4.2.4　执行（伺服）机构 ·· 080

　　4.2.5　动力系统 ·· 081

　4.3　组装流程 ··· 081

　　4.3.1　装配工具 ·· 081

　　4.3.2　认真阅读产品说明书 ·· 083

　　4.3.3　直升机的组装步骤 ·· 083

　　4.3.4　转动部件的平衡及避振 ·· 088

　4.4　试飞和调整 ··· 089

　　4.4.1　装配后的测量与调整 ·· 089

4.4.2　陀螺仪的安装参数设置 ··················· 089

4.4.3　遥控直升机的参数设置与调整 ··················· 094

4.4.4　初次试飞的注意事项 ··················· 098

4.5　飞行训练 ··················· 099

4.5.1　养成规范的操作习惯 ··················· 099

4.5.2　基础动作的练习 ··················· 101

4.5.3　飞行动作训练 ··················· 102

第5章　四旋翼无人机的装配与调试 ··················· 105

5.1　四旋翼无人机的装配 ··················· 105

5.1.1　机架组装 ··················· 105

5.1.2　电调和供电线的焊接 ··················· 108

5.1.3　四旋翼组装流程 ··················· 110

5.1.4　安装完成后的检查内容 ··················· 129

5.2　四旋翼无人机的有桨调试 ··················· 130

5.2.1　有桨调试的作用 ··················· 130

5.2.2　有桨调试前的检查 ··················· 130

5.2.3　有桨调试的方式 ··················· 131

5.2.4　调试完成后的首飞 ··················· 132

第6章　飞行模拟训练 ··················· 136

6.1　模拟器安装与设置 ··················· 136

6.1.1　模拟器训练软件 ··················· 136

6.1.2　Phoenix RC 模拟器安装 ··················· 137

6.1.3　模拟器的一般配置 ··················· 139

6.1.4　模拟器的控制通道设置 ··················· 143

6.1.5　使用注意事项 ··················· 145

6.2　单通道模拟训练 ··················· 146

6.2.1　训练科目 ··················· 146

6.2.2　训练标准 ··················· 147

6.2.3　训练过程 ··················· 147

6.3　双通道模拟训练 ··················· 149

6.3.1　训练科目 ··················· 149

6.3.2　训练标准 ··················· 150

6.3.3　训练过程 ··················· 150

6.4 全通道模拟训练 ································· 151

　6.4.1 全通道对尾悬停训练 ················ 152

　6.4.2 全通道对侧悬停训练 ················ 153

　6.4.3 全通道对头悬停训练 ················ 154

　6.4.4 全通道 8 位悬停训练 ················ 155

　6.4.5 全通道定高自旋 ····················· 156

第 7 章　四旋翼无人机飞行训练 ····················· 157

7.1 四旋翼无人机的飞行技术训练 ··············· 157

　7.1.1 悬停训练 ···························· 157

　7.1.2 综合飞行训练 ······················· 162

7.2 四旋翼无人机的飞行技巧 ····················· 165

参考文献 ·· 169

附录　常用接头焊接 ·································· 170

第1章
旋翼无人机概述

随着近些年嵌入式系统技术及微电动机系统技术的快速发展，无人机技术也突飞猛进，并有了质的飞跃，无人旋翼飞行器的发展更是如火如荼。现代无人机除了作为消费产品，主要还用于完成 4D 任务，即危险的（dangerous）、恶劣的（ditty）、枯燥的（dull）、纵深的（deep）任务。

1.1　旋翼无人机分类

旋翼无人机是指通过在空气中旋转螺旋桨产生足够的升力，从而实现飞行的一类无人机。旋翼无人机主要可以分为两种类型——常规直升机、多旋翼无人机。多旋翼无人机可以根据电动机的数目做进一步划分，如三旋翼无人机（有 3 个电动机）、四旋翼无人机（有 4 个电动机）等。

1.1.1　常规直升机

常规直升机如图 1.1 所示，其通过改变旋翼的桨距和桨盘的倾斜角来实现飞行控制。桨距的改变则通过一个称为"倾斜盘"的复杂机械结构来实现。常规直升机通常有一副大的旋翼，为了产生与旋翼旋转方向相反的扭矩，就需要一副尾桨来抵消偏航力矩，尾桨的作用就是保持直升机的正确航向。然而，这会造成一定的效率损失，因为一部分能量会完全用于保持直升机的航向，而不是用来产生升力。为了补偿这一损失，有些直升机采用两副相反方向旋转的旋翼，通过反向旋转来抵消扭矩，同时将全部能量用于产生升力。

常规直升机形式在无人机爱好者中不是很流行，主要原因是其成本高且制作过程复杂。而且，常规直升机的旋翼较大且较重，相对于其他类型的无人机，它要危险得多。此外，相对于四旋翼无人机（又称"四轴飞行器"）这样较为常见的无人机平台，常规直升机因其复杂性而在坠机中更容易损坏。这也是四旋翼无人机得以流行的另一个重要原因。

图 1.1　典型的无线电遥控直升机

1.1.2　三旋翼无人机

旋翼无人机的命名遵循拉丁文编号的方法。例如，"tri"表示 3 个电动机，"quad"表示 4 个电动机，"hexa"表示 6 个电动机，依次类推，后面再接后缀"‒copter"（表示直升机）。三旋翼无人机使用 3 个电动机（图1.2），按照三角形的布局方式排列，两个在前面、一个在后面（图 1.3，尾部的电动机安装在一个倾斜机构上，通过一个舵机调节其倾斜角度）。三旋翼无人机的外伸臂杆通常间隔 120°，其优势就是在使用机载相机时，在如此宽的夹角里可以避免外伸臂杆和螺旋桨进入相机的视野。

图 1.2　三旋翼无人机

图 1.3　三旋翼无人机布局的俯视图

另一个好处就是三旋翼无人机只使用 3 个电动机，降低了制作成本。为了实现对三旋翼无人机的完全控制，需要将其尾部的电动机向两侧倾斜，使得三旋翼无人机能够向左或向右飞行（偏航）。这也意味着相对于其他形式的旋翼无人机（如四旋翼无人机），三旋翼无人机的偏航控制要快得多。由于需要一个偏航机构来倾斜尾部的电动机，因此三旋翼无人机的制作要更复杂，但这至少可以保证其飞行特性更加稳定，这对使用无人机进行航拍是非常有利的。

1.1.3 四旋翼无人机

四旋翼无人机也称四轴飞行器，是当下最流行的多旋翼无人机，其典型特征是有 4 个电动机。根据机架的不同，可将 4 个电动机按照 " + " 形或 " × " 形进行布局，如图 1.4 所示。在 " + " 形布局下，四旋翼无人机的前部与一个电动机对齐；在 " × " 形布局下，四旋翼无人机的前部在两个前置的电动机之间。后一种布局方式的用处更大，更为流行，特别是采用前视机载相机时，前面的外伸臂和螺旋桨可较少地出现在相机的视野中[1]。

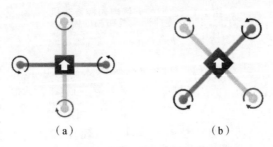

图 1.4 四旋翼无人机布局的俯视图

（a）" + " 形布局；（b）" × " 形布局

四旋翼无人机的 4 个电动机中，有两个为顺时针旋转，另外两个则逆时针旋转，这是为了抵消电动机所产生的扭矩，并使得无人机能够保持正确的方向（这与常规的直升机上的尾桨有着相同的功能）。为了控制四旋翼无人机，电动机的转速是变化的。例如，为了让无人机向前倾斜，可将前面两个电动机的转速减小，而将后面两个电动机的转速增大。

四旋翼无人机受欢迎的主要原因是其易于制作且便于控制。要自己制作四旋翼无人机，仅需制作一个 " + " 形机架，并将 4 个电动机安装在外伸臂杆的末端，不需要任何多余的机械机构或连接部件。

1.1.4 六旋翼无人机

六旋翼无人机有 6 个电动机，更多的电动机就意味着它能够搭载更多设备。除了这个显著特征外，六旋翼无人机的另一个附加优势就是电动机围绕中心分布得较为紧密，当一个电动机失效时，仍然可用剩下的电动机保持相对稳定，让无人机安全着陆。四旋翼无人机、三旋翼无人机上只要有一个电动机失效，无人机通常就会摔得很惨，这是因为其中的每个电动机对于控制无人机的稳定飞行都非常关键。因此，专业航拍用的无人机通常都是六旋翼或者八旋翼的构型，因为其负载能力更强，并且具有预防失效的冗余能力。

图 1.5（a）所示为"＋"形布局，无人机的前部与其前臂在一条线；图 1.5（b）所示是"×"形布局，无人机的前部在两个前臂之间。

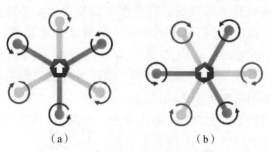

（a） （b）

图 1.5 六旋翼无人机布局的俯视图

(a)"＋"形布局；(b)"×"形布局

Y6 构型无人机是三旋翼无人机和六旋翼无人机的混合体，如图 1.6 所示。在 3 个外伸臂上有 6 个电动机，看上去像三旋翼无人机——每两个臂之间间隔 120°，单独一个臂位于后面。然而，Y6 构型无人机上总计有 6 个电动机，因此我们仍把它认为是六旋翼无人机。其每个外伸臂上安装有两个电动机，一个电动机朝上，另一个电动机朝下，即所谓的同轴排列，通常每个外伸臂上的两个电动机以相反的方向旋转，如图 1.7 所示。

图 1.6 Y6 构型无人机

图 1.7 Y6 构型同轴排列：上部顺时针旋转，下部逆时针旋转

相对于常规的六旋翼无人机，Y6 构型无人机具有一些优点：由于只有 3 个臂，因此组装起来稍微容易一些；另外，机架相对轻一些。这种构型的主要优点在于电动机有更多冗余，在这种安装方式下，每个电动机都作用在相同的推力轴线上。即使 Y6 构型无人机的某个电动机失效了，也很难被察觉，只是其拉力下降了 1/6 而已。Y6 构型无人机在同一个臂上有两个电动机，以相反的方向旋转，总计 3 个电动机顺时针旋转、3 个电动机逆时针旋转，并保持对称和平衡，如图 1.8 所示。

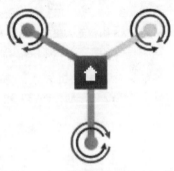

Y6 构型无人机的不足之处就是在效率上稍有损失（损失约 5%），这是由于下面的电动机在上面电动机下吹的紊乱气流中运行。然而，Y6 构型无人机的机身质量更轻（相对于六旋翼无人机，它只有 3 个臂），因此可将效率损失忽略不计。在有些 Y6 构型无人机上，上面的螺旋桨稍微比下面的要小一些，也是为了尽量减少损失。

图 1.8　Y6 构型无人机的上视图

1.1.5　八旋翼无人机

八旋翼无人机有 8 个电动机，它们呈均匀分布的形式，如图 1.9 所示。这几乎是最大的多旋翼无人机，其直径通常为 1 m。八旋翼无人机可以提供更大的载荷能力，且具有额外的电动机冗余能力。六旋翼无人机通常可以容忍一个（或者对称的两个）电动机失效，八旋翼无人机则可以容忍更多的电动机失效，而不会"炸机"，具体数量取决于载荷的质量以及失效电动机的位置。

图 1.9　携带单反相机的八旋翼无人机

由于载荷能力强且具有更好的电动机失效冗余能力，因此八旋翼无人机通常被用作专业的航拍无人机。然而，其价格高，故一般不会将八旋翼无人机用于无人机练习。

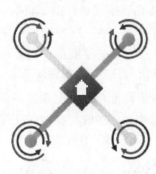

图 1.10　X8 构型无人机的俯视图

如图 1.10 所示，X8 构型无人机本质上就是在四旋翼无人机的机架上安装了 8 个电动机，是将四旋翼无人机和八旋翼无人机结合的一种产物。X8 构型无人机的机架有 4 个外伸臂，每个臂上分别安装有两个电动机，一个向上、另一个向下，一个顺时针旋转、另一个逆时针旋转。

X8 构型无人机和八旋翼无人机有着相同的优点，其中最主要的就是具有较强的载荷能力。和 Y6 构型无人机一样，X8 构型无人机也有因两个电动机沿着相同推力轴线布局所带来的优点，在飞行中如果一个电动机失效，它仍能保持稳定（假定其他 7 个电动机仍能产生足够的推力在空中托举无人机）。

1.2　旋翼无人机系统组成

本节以多旋翼无人机为例介绍旋翼无人机的系统组成，其主要由四大系统组成——机械系统、飞控系统、动力系统和通信系统[1]，如图 1.11 所示。

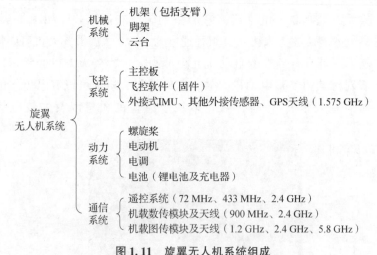

图 1.11　旋翼无人机系统组成

1.2.1　机械系统

1. 机架

1）作用

机架是旋翼无人机的承载平台，所有设备都由机架承载。因此，机架的好坏在很大程度上决定了这架多旋翼无人机是否好用。衡量一个机架的好坏，可以从耐用性和安全性、使用方便程度、元器件安装是否合理等方面考量。它的尺寸直接关系到可使用的螺旋桨长度，从而决定了电动机的型号和参数。市面上销售的机架是已经制作完成的机架，包括了各种螺丝孔、安装飞控和其他设备的平台，只需要将各种设备连接并拧上螺丝即可进行调试，这些机架大大简化了安装过程。

2）指标参数

（1）质量。

根据材质不同，质量也有所区别。

（2）轴距。

轴距是指对角线两个螺旋桨中心的距离，通常单位是毫米（mm），用于表达机架的尺寸大小。例如，大疆风火轮 F450 的轴距为 450 mm；大疆风火轮 F550 的轴距为 550 mm。

3）材质分类

（1）塑料。

塑料机架具有一定的刚度、强度和可弯曲度，禁得住磕碰摔打，价格比较低廉，适合初学者，如图 1.12 所示。

（2）玻璃纤维。

玻璃纤维机架比塑料机架的强度更高，比碳纤维机架便宜得多，很适合对机架有更高要求的初学者。

（3）碳纤维。

相比塑料机架和玻璃纤维机架，碳纤维机架具有更高的强度和刚度，而且更轻，其缺点是价格偏高。出于对结构和重量方面的考虑，大部分无人机都使用碳纤维机架，如图 1.13 所示。

图 1.12　塑料机架

图 1.13　碳纤维机架

2. 脚架

脚架的作用有：

（1）支撑多旋翼无人机。

（2）避免螺旋桨离地太近而发生触碰。

（3）减弱起飞时的地效。

（4）消耗和吸收多旋翼无人机在着陆时的撞击能量。

3. 云台

1）作用

多旋翼无人机在飞行中产生倾斜时，云台能平稳转动使照相机光轴变化平缓，从而减少多旋翼在飞行过程中因外部因素导致的相机抖动，有利于视频输出平滑及目标检测。

2）工作原理

云台通过角度传感器测量角度，由两台执行电动机来实现姿态调整。电动机接收来自控制器的信号后，精确地运行定位。

3）分类

目前，市面上常见的云台有三轴增稳云台和两轴增稳云台。

三轴增稳云台是现在主流航拍无人机所采用的航拍防抖云台，如亿航GHOSTDRONE 2.0、零度 XPLORER、大疆 Phantom 3 都使用了三轴航拍稳定器。其优点是可对航拍时的画面进行全方位稳定，保证画面清晰稳定；缺点是工程造价较高，由于采用电动机控制，所以相对会耗电较多，从而缩短航拍的续航时间。

两轴增稳云台其实是三轴增稳云台的缩减版，在市场上被一些定位在低端产品的无人机大量采用，其原因是：两轴稳定器能够降低成本，省去在垂直方向上的稳定补偿，耗电量也会相对减小；大多航拍用的无人机都是轴对称结构，而轴对称结构在垂直方向上的晃动都不是太厉害。

4）指标参数

（1）角度控制精度。

云台的角度控制精度在 ±0.02° 内。

（2）最大可控转速。

云台转动速度是衡量云台品质高低的重要指标，云台的水平方向和垂直方向由两个不同的电动机驱动，因此云台的转动速度分为水平转动速度和垂直转动速度。由于载重，电动机在启动和运转保持时的垂直扭矩大于水平方向上的扭矩，因此云台垂直转动速度通常小于水平转动速度。

交流云台使用的是交流电动机，转动速度固定。一般水平转动速度为4°/s ~ 6°/s，垂直转动速度为 3°/s ~ 6°/s。高速云台的水平转动速度可达15°/s，垂直转动速度可达 9°/s。

直流云台大多使用的是直流步进电动机，具有转速高、可变速的优点，适合需要快速捕捉目标的场合。其水平转动速度可达 40°/s ~ 50°/s，垂直转动速度可达 10°/s ~ 24°/s。

（3）可控转动范围。

云台的转动角度（尤其是垂直转动角度）与负载（防护罩/摄像机/镜头总成）的安装方式有很大关系。

1.2.2　飞控系统

1．自动驾驶仪（飞控）

1）组成

多旋翼无人机的自动驾驶仪主要包括主控板、飞控软件（固件）、外接式 IMU（惯性测量单元）、其他外接传感器、GPS（全球定位系统）天线 （1.575 GHz）等，分为软件部分和硬件部分。图 1.14 所示为几种常见品牌的飞行控制系统。

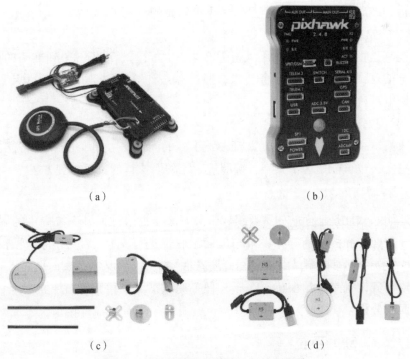

（a）　　　　　　　　　　　　　（b）

（c）　　　　　　　　　　　　　（d）

图 1.14　几种常见品牌的飞行控制系统

（a）APM 飞行控制系统；（b）Pixhawk 飞行控制系统；

（c）A2 多旋翼飞行控制系统；（d）NAZA 多旋翼飞行控制系统

（1）GPS。

通过该系统，可得到多旋翼无人机的位置信息。

（2）IMU。

IMU包括三轴加速度计、三轴陀螺仪、电子罗盘（或磁力计），用于得到多旋翼无人机的姿态信息。常见的六轴IMU包含三轴加速度计、三轴陀螺仪，九轴IMU包含三轴加速度计、三轴陀螺仪和三轴磁力计，十轴IMU则在九轴IMU的基础上多了气压计这一轴。

（3）气压计和超声波测量模块。

该模块用于得到多旋翼无人机的绝对高度信息（气压计）和相对高度信息（超声波测量模块）。

（4）接口。

这是指与各种传感器和电调、通信设备等的硬件接口。

2）作用

（1）导航。

导航是指解决"多旋翼无人机在哪儿"的问题。如何发挥各传感器的优势，得到准确的位置和姿态信息，是飞控要做的首要事情。

（2）控制。

控制是指解决"多旋翼无人机怎么去"的问题。首先，得到准确的位置和姿态信息；之后，根据任务要求，通过算法计算控制量并输出给电调，进而控制电动机转速。

（3）决策。

决策是指解决"多旋翼无人机去哪儿"的问题。"去哪儿"，既可能由操作手决定，也可能是为了安全，按照规定流程而执行的紧急处理方案。

2. 地面站

地面站软件是地面站的重要组成部分。飞手通过地面站系统提供的鼠标、键盘、按钮和操控手柄等外设来与地面站软件进行交互。飞手预先规划本次任务的航迹，对多旋翼无人机在飞行过程中的飞行状况进行实时监控，可通过修改任务设置来干预多旋翼飞行。任务完成后，还可以对任务的执行记录进行回放分析。

1.2.3 动力系统

动力系统决定了旋翼无人机的主要性能，如旋翼时间、载重能力、飞行速度和距离。动力系统主要包括螺旋桨、电动机、电调、电池。

1. 螺旋桨

1）作用

螺旋桨是直接产生推力的部件，以追求效率为首要目标。将匹配的电动机、电调和螺旋桨搭配，可以在相同的推力下耗用更少的电量，这样就能延长多旋翼无人机的续航时间。因此，选择最优的螺旋桨是提高续航时长的一条捷径。

2）指标参数

（1）型号。

假设螺旋桨在一种不能流动的介质中旋转，那么螺旋桨每转一圈，就会向前进一个距离，称之为螺距（propeller pitch）。显然，桨叶的角度越大，螺距也越大。若与旋转平面角度为 0，则螺距也为 0。螺距体现了螺旋桨桨叶角度的大小，但并不是实际角度。

螺旋桨的规格尺寸几乎都是根据直径和螺距来确定的，通常以 4 位数字来表示。其中，前两位数字代表直径（两个桨尖之间的距离），后两位数字代表螺距（这是对螺旋桨所能推动的空气的量度，或者说螺旋桨旋转整周所能向前行进的距离）。例如，8040 桨表示直径为 8 英寸[①]、螺距为 4 英寸；9050 桨表示直径为 9 英寸、螺距为 5 英寸；9047（有的标为 0947）桨表示直径为 9 英寸、螺距为 4.7 英寸；1047 桨表示直径为 10 英寸、螺距为 4.7 英寸；1260 桨表示直径为 12 英寸、螺距为 6 英寸。

注意：若前两位数字大于 10，则指十几英寸，其他尺寸均为该数字除以10。通常塑料螺旋桨上都有一行压痕文字，标明其尺寸和螺距，这些信息通常采用的也是英制单位。

（2）弦长。

连接翼型前缘和后缘的直线段称为翼弦（又称弦线），其长度称为弦长，如图 1.15 所示。

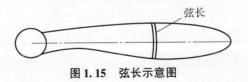

图 1.15　弦长示意图

（3）转动惯量。

转动惯量越小，控制起来就越灵敏。更重要的是，螺旋桨的转动惯量越

---

① 1 英寸≈2.54 cm。

小，改变转速所消耗的能量就越小，从而能提高飞行效率。因此，为了减少转动惯量，在不改变外形和强度的前提下，有些特制的螺旋桨还会对其内部材质做进一步设计。

（4）桨叶数。

最常见的是两叶桨，有时候也会采用三叶桨。就效率而言，两叶桨的效率较高；然而，在某些特定的无人机上，受螺旋桨最大直径的限制，就不得不用三叶桨替代两叶桨，这样在给定的转速下三叶桨能够产生比两叶桨更大的推力。三叶桨常见于一些固定翼无人机和迷你四旋翼无人机，这是由最大螺旋桨直径的实际限制决定的。

（5）安全转速。

安全转速是指保证在所有可能工况下能正常工作的最高允许桨速。例如，APC 网站上给出的可提供的多旋翼桨（multirotor(MR) propellers）的最大桨速（转/分，r/min）是 105 000/桨直径（英寸）。以最常用的 10 英寸桨为例，多旋翼桨的最大桨速为 10 500 r/min。慢飞桨（slow flyer(SF) propellers）的最大桨速只有 65 000/桨直径（英寸）。因此，在选择螺旋桨时，要注意使用场合。

（6）材料。

常用材料有塑料、碳纤维、木制等，如图 1.16 所示。碳纤维桨的价格几乎是塑料桨的两倍。木桨一般较重，价格更高，比较适用于较大载重的多旋翼无人机。

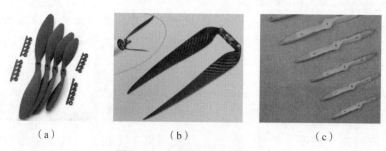

（a）　　　　　　　　（b）　　　　　　　　（c）

图 1.16　各种材质的螺旋桨

（a）塑料桨；（b）碳纤维桨；（c）木桨

碳纤维桨具有以下优势：

①碳纤维桨的刚性较好，因此产生的振动和噪声较少；

②碳纤维桨比塑料桨质轻，强度更大；

③碳纤维桨对控制响应比较迅速，适用于高 KV 值（转速/V）电动机。

然而，当发生坠机时，由于碳纤维桨刚性强，电动机将吸收大部分的冲击力。

3）静平衡和动平衡

进行静平衡和动平衡的目的是减少振动。螺旋桨静平衡是指螺旋桨重心与轴心线重合时的平衡状态；螺旋桨动平衡是指螺旋桨重心与其惯性中心重合时的平衡状态。出现不平衡的情况时，可以在轻的桨叶上贴透明胶带，或用砂纸打磨偏重的螺旋桨平面（非边缘），以实现平衡。

2. 电动机

多旋翼无人机的电动机以无刷直流电动机为主，如图 1.17 所示。电动机的效率会随着螺旋桨尺寸的变化而变化，因此必须合理选择匹配的螺旋桨，以保证在产生相同拉力情况下消耗的能量更少。

图 1.17　无刷直流电动机

1）作用

与有刷直流电动机不同，无刷直流电动机采用电子方式换向。要使转子转起来，就必须按照一定的顺序给定子通电，那么就需要知道转子的位置，以便按照通电次序给相应的定子线圈通电。定子的位置由嵌入定子的霍尔传感器感知，通常会布局 3 个霍尔传感器在转子的旋转路径周围。无论何时，只要转子的磁极掠过霍尔元件，则根据转子当前磁极的极性，霍尔元件就会输出对应的高（或低）电平。因此，只要根据 3 个霍尔元件产生的电平的时序，就可以判断当前转子的位置，并相应地对定子绕组进行通电，这样就可极大地减少电火花对遥控无线电设备的干扰，也可减小噪声。无刷电动机的一头固定在机架力臂的电动机座，另一头固定在螺旋桨。不同大小、负载的机架，需要配合对应规格、功率的电动机。

2）基本原理

每一次换向都会有一组绕组处于正向通电、一组处于反相通电，另一组不通电。转子永磁体的磁场和定子钢片产生的磁场相互作用，就产生了转矩。理论上，当这两个磁场夹角为 90°时会产生最大转矩，当这两个磁场重合时转矩变为0。为了使转子不停地转动，就需要按顺序改变定子的磁场，就像转子的磁场一直在追赶定子的磁场。

3）指标参数

（1）尺寸。

电动机的尺寸取决于定子的大小，一般用4个数字表示，其中前2位是定子的直径（单位为mm），后2位是定子的高度（单位为mm）。例如，2212电动机表示电动机定子的直径是22 mm、高度是12 mm。前2位数字越大，则电动机越宽；后2位数字越大，则电动机越高。越高大的电动机，功率就越大，适合做大四轴。

（2）标称空载KV值。

无刷直流电动机的KV值定义为"转速/伏特"，意思为输入电压每增加1 V，无刷电动机空转转速增加的转速值。例如，对920 KV电动机外加1 V电压，则电动机空转时每分钟转920转，若外加2 V电压，则电动机空转时每分钟转920×2转。单从KV值无法评价电动机的好坏，因为不同KV值适用不同尺寸的桨，一般大型螺旋桨可以选用KV值较小的电动机，而小型的螺旋桨选用KV值较大的电动机。

（3）最大瞬时电流/最大持续电流。

最大瞬时电流是指电动机能承受的最大瞬时通过电流；最大持续电流是指电动机能允许持续工作而不烧坏的最大连续电流。

（4）内阻。

电动机电枢本身存在内阻，虽然内阻很小，但由于电动机的电流很大（有时甚至可以达到几十安培），因此不可忽略内阻。

3. 电调

1）作用

电调的全称为电子调速器（electronc speed control，ESC），如图1.18所示。

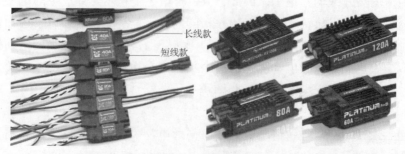

图1.18 电子调速器

电调的主要作用如下：

（1）为电动机调速（通过飞控板给定 PWM 信号进行调节）。

（2）为遥控接收器上其他通道的舵机供电。

（3）充当换相器的角色。因为无刷电动机没有电刷进行换相（直流电源转化为三相电源供给无刷电动机，并对无刷电动机起调速作用），所以需要通过电调进行电子换相。

（4）其他辅助功能，如电池保护、启动保护、刹车等。

2）指标参数

（1）电流。

无刷电调最主要的参数是电调的功率，通常以安数（A）来表示，如 10 A、20 A、30 A。不同电动机需要配备不同安数的电调，安数不足甚至会导致电动机烧毁。无刷电调有持续电流和 × 秒内瞬时电流两个重要参数，前者表示正常时的电流，而后者表示 × 秒内能容忍的最大电流。选择电调型号时，一定要注意电调最大电流的大小是否满足要求、是否留有足够的安全余度，以免烧坏电调的功率管。

（2）内阻。

电调具有相应内阻，应注意其发热功率。有些电调电流可以达到几十安培，而发热功率是电流的平方的函数，所以电调的散热性能也十分重要。因此，大规格电调的内阻一般都比较小。

（3）刷新频率。

电动机的响应速度与电调的刷新频率有很大关系。在多旋翼无人机发展之前，电调多为旋翼无人机飞机设计。旋翼无人机上的舵机结构复杂，工作频率最大为 50 Hz，与之相应，电调的刷新频率也都为 50 Hz。与其他类型飞机不同，多旋翼无人机不使用舵机，而是由电调直接驱动，其响应速度远超舵机。目前，具备 Ultra PWM 功能的电调可支持高达 500 Hz 的刷新频率。

（4）可编程特性。

通过内部参数设置，可以达到最佳的电调性能。通常有 3 种方式对电调参数进行设置：

①通过编程卡直接设置电调参数；

②通过 USB 接口连接，用计算机软件设置电调参数；

③通过接收器，用遥控器操纵杆设置电调参数。

设置的参数包括电池低压断电电压设定、电流限定设定、刹车模式设定、油门控制模式、切换时序设定、断电模式设定、启动方式设定、PWM 模式设定等。

（5）兼容性。

如果电动机和电调的兼容性不好，就会发生堵转，即电动机不能转动。

4. 电池

1）作用

电池主要用于提供能量，如图1.19所示。目前旋翼无人机面临的最大问题是续航时间不够，其关键在于电池容量的大小。现在可用作模型动力的电池有多种，常见的是锂电池，主要因其具有的性能和价格的优势。然而，对多旋翼无人机而言，电池单位质量的能量载荷在很大程度上限制了其飞行时间和任务拓展。

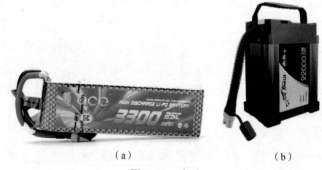

（a）   （b）

图1.19　电池

（a）普通锂电池；（b）智能锂电池

2）指标参数

（1）电压。

锂电池组包含两部分：电池、锂电池保护线路。其中，单节电池的电压为3.7 V。例如：3S1P电池表示由3片锂电池串联，总电压是11.1 V，其中S表示串联，P表示并联；2S2P电池表示由两片锂电池串联，然后将两个这样的串联结构并联，总电压是7.4 V。

在放电过程中，电池的电压会下降；而且，由于电池本身具有内阻，其放电电流越大，自身内阻导致的压降就越大，所以输出的电压就越小。

（2）容量。

电池的容量用毫安时（mAh）来表示。例如，5 000 mAh的电池表示该电池以5 000 mA的电流放电，可以持续1 h。但是，随着放电过程的进行，电池的放电能力会下降，其输出电压缓慢下降，导致其剩余容量与放电时间并非呈线性关系。

在实际多旋翼飞行过程中，有两种方式检测电池的剩余容量是否满足飞行安全的要求，一种是检测电池单节电压，另一种是实时检测电池输出电流进行积分计算。

注意：单电芯充满电后的电压为 4.2 V，放电完毕会降至 3.0 V（再低就可能因过放而导致电池损坏），一般无人机在 3.6 V 时会电量报警。

（3）放电倍率。

充放电电流的大小通常用充放电倍率来表示，即充放电倍率 = 充放电电流/额定容量。例如，额定容量为 100 Ah 的电池以 20 A 的电流放电时，其放电倍率为 0.2 C。电池放电倍率是表示放电快慢的一种量度。所用的容量在 1 h 放电完毕，则称为 1 C 放电；若在 5 h 放电完毕，则称为 1/5 = 0.2 C 放电。容量为 5 000 mAh 的电池的最大放电倍率为 20 C，其最大放电电流为 100 A。锂电池一般为高倍率电池，可用于为多旋翼无人机提供动力。

（4）内阻。

电池内阻主要由电极材料、电解液、隔膜电阻及各部分零件的接触电阻组成，与电池的尺寸、结构、装配等有关。电池的内阻不是常数，其在充放电过程中随时间不断变化，且与时间不呈线性关系，通常随电流密度的对数增大而线性增加。电池内阻很小，一般用毫欧（mΩ）来定义。正常情况下，内阻小的电池的大电流放电能力强，内阻大的电池放电能力弱。

1.2.4　通信系统

1. 遥控系统

1）作用

遥控器将飞手的遥控指令发送到接收器上，接收机收到指令并解码后传给飞控板，进而控制多旋翼无人机做出对应的飞行动作，如图 1.20 所示。遥控器可以进行一些飞行参数的设置，如油门的正反、遥控器操纵杆的灵敏度大小、舵机的中立位置、通道的功能定义、飞机时间记录与提醒、拨杆功能设定，其高级功能有旋翼无人机回传的电池的电压、电流等数据。

（a）　　　　　　　　（b）

图 1.20　遥控系统

（a）Futaba T14SG 遥控器；（b）Futaba R7008SB 接收机

2）指标参数

（1）频率。

常用遥控器的频率是 72 MHz 与 2.4 GHz，目前采用得最多的是 2.4 GHz。2.4 GHz 技术属于微波领域，2.4 GHz 遥控器的优点有：频率高；同频概率低；功耗低；体积小；反应迅速；控制精度高。2.4 GHz 微波的直线性很好，换言之，2.4 GHz 遥控器控制信号的避让障碍物性能差。在控制无人机的过程中，发射天线应与接收天线有效地形成直线，尽量避免无人机与发射机之间有很大的障碍物（如房屋、仓库等）。

（2）调制方式。

遥控器的调制方式有 PCM（pulse-code modulation，脉冲编码调制，又称脉码调制）和 PPM（pulse position modulation，脉冲位置调制，又称脉位调制）。前者是指信号脉冲的编码方式，后者是指高频电路的调制方式。

PCM 编码的优点不仅在于其具有很强的抗干扰性，而且可以很方便地利用计算机编程，不增加（或少增加）成本，实现各种智能化设计。相较于 PCM 编码，PPM 编码遥控设备的实现相对简单、成本较低，但较容易受干扰。

（3）通道。

遥控器的一个通道对应一个独立的动作，一般有 6 通道和 10 通道。多旋翼无人机在控制过程中需要控制的动作路数有上下、左右、前后、旋转，所以至少是 4 通道遥控器。

（4）美国手和日本手。

美国手和日本手就是遥控器操纵杆对应的控制通道的不同设置。美国手遥控器的左手操纵杆是"升降+偏航"，右手操纵杆是"俯仰+滚转"。日本手遥控器则相反，日本手适合新人使用。目前，国内以美国手遥控器为主。

注意：无论是美国手还是日本手，使用遥控器的多旋翼无人机，其油门杆都没有弹性，不自动回到中立位，这是出于旋翼无人机的习惯，也是因为旋翼类旋翼无人机是没有定高功能的。而像大疆、零度等消费类多旋翼配套的遥控器油门杆能自动回中，也是因为它们都有自动定高功能。

（5）油门。

油门有两种，一种油门杆不会自动回中，最低点为 0% 油门，最高点为 100% 油门，主要对应的是期望推力的大小，这种油门称为直接式油门。另一种油门是松手油门，油门杆能自动回中，属于增量式油门。这种油门大小对应的是期望速度的大小。油门回中，即多旋翼无人机的期望速度为零，也就意味着多旋翼无人机在当地悬停。

（6）遥控距离。

根据功率不同，遥控器能控制的距离也有所不同。遥控器上也可以带有功率放大（power amplifier，PA）模块、鞭状天线，以增大操控距离。

2. 无线数传电台

1）作用

无线数传电台又称无线数传模块，简称"数传"，是指借助数字信号处理（DSP）技术和软件无线电技术实现的高性能专业数据传输电台，具有前向纠错、均衡软判决等功能。无线数传电台的一端接入计算机（地面站软件），另一端接入多旋翼飞行控制板，采用一定协议进行通信，从而保持无人机地面站的双向通信。图 1.21 所示为 3DR 无线数传电台。

图 1.21　3DR 无线数传电台

2）指标参数

（1）频率。

根据《中华人民共和国无线电频率划分规定》及我国的频谱使用情况，840.5~845 MHz、1 430~1 444 MHz 和 2 408~2 440 MHz 频段可用于无人驾驶航空器系统，可选择频率为 433 MHz。

（2）传输距离。

美国产 Xtend@900MHz 数传电台在 9 633 bps 下可达 64 km，在 115 200 bps 下可达 32 km；DJ@2.4GHz（2 400~2 483 MHz）数传电台在 57 600 bps 下可达 2 km，在 57 900 bps 下可达 350 m。

（3）传输速率。

数传电台的常用传输速率有 1 200 bps、2 400 bps、4 800 bps、9 600 bps、19 200 bps、38 400 bps，以及更高的 $N \times 64$ kbps。

（4）工作电压。

数传电台的工作电压一般为 3.7~6 V DC。

3）通信协议

通信协议又称通信规程，是指通信双方对数据传送控制的一种约定。只要按照一定的通信协议，就可以使地面站软件通用，以兼容不同的飞控或自动驾驶仪。

MAVLink 通信协议是一个为微型飞行器设计的非常轻巧的、只由头文件构成的信息编组库。

3. 图像传输模块

1）作用

图像传输模块（简称"图传"）是无人机的核心组件，是一种无线电传输设备，其分为发射、接收两部分。图传主要采用适当的视频压缩技术、信号处理技术、信道编码技术及调制解调技术，将现场无人机所搭载的摄像机拍摄的视频以无线的方式实时传送到远距离后方。

图传的大致工作过程（以数字图传为例）：无人机上挂载的视频拍摄装置将采集的视频信号传输到安装在无人机上的图传信号发送器，由图传信号发送器的 2.4 GHz 无线信号传送到地面的接收系统，再由接收系统通过 HDMI 接口传输到显示设备（显示器或平板电视），或者是通过 USB 接口传输到手机与平板电脑上。由此，飞手就能实时地监控无人机航拍的图像。

衡量无人机图传性能的关键因素有图像传输距离的远近、图像传输质量的好坏、图像传输的稳定性等。

2）分类

图传按设备类型可分为模拟图传和数字图传，而其组成部分主要为发射端、接收端、显示端三部分。

（1）模拟图传。

早期的图传设备所采用的都是模拟制式，它的特点是只要图传发射端和接收端工作在一个频段上，就可以收到画面。

①优点。

• 价格低廉。

• 可以同时接收多个视频信号。模拟图传的发射端相当于广播，只要接收端的频率和发射端一致，就可以接收到视频信号，方便多人观看。

• 工作距离较远。以常用的 600 mW 图传发射为例，其在开阔地的工作距离可在 2 km 以上。

• 视频信号基本没有延迟，适用于低空高速飞行。

②缺点。

• 发射、接收天线的产品质量良莠不齐，新手选择困难。

• 易受到同频干扰。若两个发射端的频率接近，就很有可能导致本机的视频信号被其他飞机的图传信号插入，进而导致飞机丢失。

• 接线、安装、调试需要一定经验，对新手而言增加了学习成本。

• 飞行时，安装连接天线、接收端电池、显示器支架等部件的过程烦琐。

• 没有 DVR 功能的接收端就无法实时回看视频，而有 DVR 功能的接收端回看视频也较为不便。

- 模拟图传发射端通常安装在机身外，影响一体机的美观。

- 若图传天线安装不当，就可能在某些飞行姿态下被机身遮挡，导致此时的接收信号欠佳，进而影响飞行安全。

- 视频带宽小，画质较差，通常分辨率在 640 像素 × 480 像素，影响拍摄时的感观。

③适应人群。

模拟图传适合有一定基础、对穿越飞行等项目进阶的爱好者。

（2）数字图传。

现在厂商所开发的无人机套机通常都搭载了专用的数字图传，它通过 2.4 GHz 或 5.8 GHz 的数字信号进行视频传输。

①优点。

- 使用方便。通常只需在遥控器上外接手机或平板电脑作为显示器即可使用。

- 中高端产品的图像传输质量较高，分辨率可达 720P 甚至 1 080P。

- 中高端产品的传输距离可达 2 km，与普通模拟图传相媲美。

- 实时回看拍摄的照片和视频方便。

- 集成在机身内，可靠性较高，一体化设计较为美观。

②缺点。

- 中高端产品的价格昂贵。

- 低端产品的有效距离短，且图像延迟问题非常严重，影响飞行体验和远距离飞行安全。

- 普通手机或平板电脑在没有配备遮光罩的情况下，在室外环境下飞行时，较低的屏幕亮度会导致飞手难以看清画面。

- 限于厂商实力和研发成本，不同的数字图传对手机/平板电脑作为显示器的兼容性没有得到充分验证，某些型号可能适配较差。

③适应人群。

数字图传适合新手，中高端数字图传亦可适应高端要求。但对穿越飞行而言，目前的数字图传延迟仍然较大，要实现航拍功能，需外接显示器或使用手机、平板电脑来作为显示器。

3）指标参数

（1）发射频率。

其主要有 1.2 GHz、2.4 GHz、5.8 GHz 频段可选，通常 1.2 GHz 图传会影响 1.2 GHz 遥控信号，2.4 GHz 图传会影响 2.4 GHz 遥控信号，所以 5.8 GHz 图传最为流行。

（2）发射功率。

常用的发射功率为 200 ~ 1 000 mW。一般来说，在同等条件下发射功率越大，传输距离就越远。

（3）分辨率。

市面上的全高清图传的分辨率主要有 1 080I 和 1 080P。

（4）帧率。

常用的帧率有 25 fps、30 fps、50 fps 和 60 fps 四种。

（5）带宽。

带宽基本分为 4 MHz、6 MHz 和 8 MHz 三种。

（6）传输延时。

其端到端传输延时在 400 ~ 1 200 ms 之间。

（7）有效传输距离。

1 W 发射功率的有效传输距离从几百米到 20 km 不等。

1.3　多旋翼无人机的用途和发展趋势

无人机从诞生至今将近百年，在材料、电池、飞控等方面有了巨大的突破和革新，在社会各领域发挥着越来越重要的作用，多旋翼无人机按用途可分为民用多旋翼无人机和军用多旋翼无人机。民用多旋翼无人机按行业可划分为消费级无人机和工业级人机。消费级无人机主要用于航拍、竞技娱乐等方面；工业级无人机的应用领域较为广泛，主要涉及农林、电力、测绘、安防、物流等行业。

1.3.1　民用多旋翼无人机的用途

1. 消费级多旋翼无人机

消费级多旋翼无人机主要是指用于近距离拍摄、竞速娱乐等方面的无人机，具有体积小、质量轻、成本低和易操作等特点。

1）航拍多旋翼无人机

传统航拍作业主要使用有人机，空域申请、飞机维护保养、起降场地的协调都会消耗大量的人力、财力。多旋翼无人机的出现打破了这一瓶颈，其具有易操作、免维护、价格低等优点，这让多旋翼无人机得到了航拍业内外人士的青睐。大疆御 Mini 是一款入门级的航拍无人机（图 1.22），它折叠后体积小，可随身携带。御 Mini 可以拍摄 1 200 万像素图像和 2.7K 视频，四级风力下可稳定拍摄，同时具备 4 km 的高清图传和 30 min 续航。

2）穿越多旋翼无人机

穿越多旋翼无人机体积小，能在障碍物之间自由穿梭；同时，其轻巧快速，部分高性能四旋翼无人机的极速甚至可超过 200 km/h。穿越多旋翼无人机能做出多种特技飞行动作，如爬升、俯冲、翻滚和水平旋转等，经常被用来竞速，如图 1.23 所示。

图 1.22　御 Mini 航拍多旋翼无人机

图 1.23　穿越多旋翼无人机

3）室内安防多旋翼无人机

基于自动机场的 Tando 室内无人机系统（图 1.24）由以色列初创公司 Indoor Robotics 开发，其自动机场安装在天花板，供无人机待命和充电。该无人机利用光学和热成像摄像头，可以 360°连续扫描周围的环境，如图 1.25 所示。

图 1.24　无人机停靠在屋顶机场

图 1.25　无人机在室内飞行巡视

2. 工业级多旋翼无人机

多旋翼无人机的优点被各个领域捕捉到后，通过对无人机进行改装或更换任务载荷来满足各自领域的需求，这类无人机主要用于解决行业痛点，间接或直接参与行业的主要工作，因此这类无人机称为工业级无人机。

1）农林畜牧多旋翼无人机

植保多旋翼无人机是用于农林植物保护作业的无人机，主要通过地面遥控或程序控制来实现喷洒药剂作业。与传统植保作业相比，无人机植保作业具有精准作业、高效环保、智能化、操作简单等特点，可为农户节省大型机械投入和人力成本。图 1.26 所示为大疆 T20 植保无人机，其通过优化算法与配置，可在大田、山地、果园等多种作业场景下实现全自主作业。

图 1.26 大疆 T20 植保无人机

传统的林业病虫害监测与防治主要依靠人工作业，难以实现监测与防治的及时性和有效覆盖。在此背景下，无人机技术应用于林业病虫害监测与防治，其可适应多种地形，有效提升了对有害生物的监测和防治水平。

2）电力巡线多旋翼无人机

随着无人机技术的快速发展，无人机具备了航线自主规划、精准定位、自主飞行控制、长续航等能力，这些优势使无人机在电力巡检中的应用潜力巨大。采用无人机巡线，可以大幅减少人力巡线成本，缩短巡线时间，提高巡线效率，如图 1.27 所示。

图 1.27 无人机进行电力巡检

3）物流多旋翼无人机

图 1.28 所示为物流多旋翼无人机，其主要优势有：空中运输距离短；效率高；节省人力和时间成本。同时仍有不足，首先是初期投资成本高；其次

是技术还不够成熟；最后是安全问题。

图 1.28　物流多旋翼无人机

4）消防救援多旋翼无人机

目前，已发展出专门应用于高层建筑消防灭火的消防救援多旋翼无人机，如图 1.29 所示。

5）测绘勘探多旋翼无人机

传统的人工巡检不能及时准确地发现桥梁边坡的病害，操作量大，且危险系数高。利用无人机进行高速公路巡检，可实时监控高速公路上的各种情况，减少人工投入，降低巡检风险。无人机搭载 Sniffer4D 灵嗅 V2 多气体监测系统（图 1.30）形成更灵活、更便捷的无人机气体监测方案，满足多场景下的应用需求。

图 1.29　消防救援多旋翼无人机　　　图 1.30　无人机在油气管道上方扫描检测

1.3.2　军用多旋翼无人机的用途

无人机具有成本低、零损耗、零伤亡、高机动、起降方式多样、可重复使用等优势，这些优势使得无人机在近些年的局部战争中频频现身，与此同时，许多国家已经将无人机应用于侦察、监视、通信中继、电子对抗、制导、战果评估、对地（海）攻击等方面。

1. 侦察型多旋翼

UAVTEK 无人机公司与 BAE 系统公司合作，向英国陆军交付了 30 架
"Bug" 微型侦察多旋翼无人机原型机（图 1.31），用于实地评估。这种无人
机重 196 g，设计可在高达 80 km/h 的风速下飞行。"Bug" 微型无人机的续航
能力为 2 km，续航时间为 40 min。它的速度可达 80 km/h（约 22 m/s），能将
图像传回多个设备。

图 1.31　"Bug" 微型侦察多旋翼无人机

2. 打击型多旋翼无人机

"Songar" 武装多旋翼无人机（图 1.32）由土耳其电子公司 Asisguard 制
造，可携带 200 发子弹，能够进行单发或连发射击。"Songar" 能在 200 m 之
外击中 15 cm 范围内的区域。无人机操作员可以在 10 km 的范围内控制无人
机，一台地面站可以同时控制 3 架 "Songar"。

图 1.32　"Songar" 武装多旋翼无人机

1.3.3　多旋翼无人机的发展趋势

多旋翼无人机的发展已进入成熟稳定期，但新技术的推陈出新让人们对
多旋翼无人机提出了更高的要求，因此未来多旋翼无人机的发展将呈现在动
态平衡的过程中，主要体现在安全性、自主性、集群性、有序性、多样性等
五方面。

1. 安全性

目前要发展的载人飞行和城市中的货运无人机是当前强劲需求，安全性正在从硬件可靠性发展到软硬件适航性。多旋翼无人机属于小型的复杂系统，应该从系统工程的角度进行设计，以保障飞行安全。国际系统工程学会（INCOSE）在《系统工程 2020 年愿景》中给出了"基于模型的系统工程"（model - based systems engineering, MBSE）的定义：基于模型的系统工程是对系统工程活动中建模方法应用的正式认同，以使建模方法支持系统要求、设计、分析、验证和确认等活动，这些活动从概念性设计阶段开始，持续贯穿设计开发及后续所有的寿命周期阶段。旋翼无人机的安全性体现在利用先进的系统建模语言代替自然语言，从而消除不确定性、歧义性和不可计算性等。随着未来多旋翼无人机数量的增加，安全系数标准或适航标准必然成为一个准入门槛。

2. 自主性

自主性集中体现在从程序控制发展到以视觉感知为主的自主智能控制。近年来，多旋翼无人机的视觉系统伴随着深度学习理论及机载计算芯片的发展而快速发展，主要从事识别、跟踪、环境地图感知、位置获取等，极大地提高了无人机的自主能力。通过智能自主感知，多旋翼无人机可以在无卫星导航环境下跟踪物体、躲避障碍物，从而提升安全性。如何界定多旋翼无人机的自主性，目前还没有统一的描述。这里给出 5 个自主等级划分，如表 1.1 所示。

3. 集群性

集群性体现在多人控制单机发展到单人控制多机。集群性是一种化整为零的问题解决思路，它极大地提高了任务解决的可靠性和设备的维护性。集群无人系统的可扩展性较强，可根据任务的难易程度通过增减无人机数量来适配集群。此外，集群性是从另一个维度降低操作人员负担，从而可以更高效地完成给定的任务。少量操作人员可以控制无人机的数量是目前的几倍甚至数十倍。对于分布式自主集群，如何使得一群无人机像蚂蚁或蜜蜂那样协同工作，依然是目前科研人员的研究方向，这也必然成为未来的趋势。

4. 有序性

有序性体现在个体无序飞行到有序飞行的交通管控。大量无序飞行的低空无人机会给地面设施、公共安全、空中载人飞行器等带来危害。交通管控是通过对整个低空的无人机运行安全和风险进行评估，同时对低空的无人机进行有效规划，保证它们合理有序地飞行，从而促进无人机行业的健康发展。

表 1.1 多旋翼无人机自主性等级划分

等级	描述	决策	感知	控制	典型场景
4	实时避障/事件检测/路径规划	危险规避，实时路径规划与再规划，事件驱动变的鲁棒响应，任务改变决策	感知障碍、危险、目标能力，环境变化检测，实时建图	期望具有精确、鲁棒三维轨迹跟踪能力	可以利用摄像机（无 GPS）远距离飞行目标能自动返航；四旋翼无人机的一个电机发生故障后，也可以安全着陆
3	故障/事件自适应	健康诊断，有限适应，机载保守和低级别决策，执行预编程的任务	大多数健康和状态感知，软硬件故障检测	鲁棒飞行控制器，针对故障，任务和环境变化的重构控制或自适应控制	可以评估自身健康状态，分析故障产生原因；六旋翼无人机的一个电机发生故障后，也可以返航
2	与外部系统独立的导航（无 GPS）	同等级 1	自身传感和状态估计（无外部系统参与）；具有健康评价能力，能提前感知故障并进行失效保护；感知认知由飞手判断	同等级 1	掌摄像机（无 GPS）完成悬停、着陆和跟踪，加遥控器故障、传感器故障、导航和动力系统故障等
1	自动飞行控制	预编程或上传飞行计划（航路点，参考轨迹等），由地面站或飞手进行分析、规划和决策。有简单的失效保护	大部分传感和状态估计由多旋翼无人机完成，有简单的健康传感；感知和态势认知由飞手判断	由飞控系统计算控制指令	可以利用 GPS 进行悬停、跟踪目标；可以检测遥控器故障、电子罗盘故障或电池电量高低；可以通过模式切换来实现安全着陆
0	遥控	所有制导功能大都是由飞手完成的	基本的传感能由多旋翼无人机完成；所有数据由飞手处理分析	由飞手给出控制指令	可以由飞手控制完成悬停、着陆和跟踪目标的控制

然而，民航空中交通管理还不能适应未来数以百万架的无人机。为此，各国针对低空无人机空中交通管理开发了新框架，包括美国的无人机系统交通管理框架（unmanned aircraft system traffic management，UTM）、欧盟委员会和欧洲航空安全局（EASA）提出的建立公共无人机飞行系统 U–Space，以及我国的无人机运行管理（UAS operation management，UOM）系统。无人机交通管理技术的研发与落地，不仅能够满足不断增长的无人机行业应用需求，还可作为有人机自动化演进的重要技术途径，实现我国航空业的快速发展。

5. 多样性

多样性体现在从单一形态的多旋翼无人机发展到多功能多形态的多旋翼无人机，可适应不同的应用需求。通过改变多旋翼形态，可以克服目前多旋翼无人机的诸多不便。另外，不断深挖应用需求，可通过配置不同载荷来满足不同需求。随着移动终端的兴起，芯片、电池、惯性传感器、通信芯片等产业链迅速成熟，成本下降，使载荷迅速向更加小型化、低功耗的设备迈进，这也给无人机多样性创造了更多条件。另外，载荷和接口的标准化得到了各国的重视。例如，美国发布了 *Standardization Roadmap for Unmanned Aircraft System*，我国发布了《民用多旋翼无人机系统试验方法》（GB/T 38058—2019）等标准。标准的推出有利于更好地分解系统，使得分系统精益求精。

第2章
多旋翼无人机空气动力学

2.1　空气动力学概述

空气动力学由一些简单的规则和复杂的相互作用组成。当我们谈到"力"时，是指简单的推力或拉力。如果作用于某一物体的力达到平衡，物体就处于静止；如果受力不平衡，物体就沿着更强的力的方向加速运动。

飞行器在空中受到的力有重力、升力、空气阻力、推力。

1. 重力

重量是重力在物体上的作用，这一力学原理有时也被称作万有引力。物体飞行（甚至悬浮）都必须持续地平衡重力，即使只是暂时失去反方向的力，都可能坠地。本书中自始至终都要考虑关于重力的注意事项：尽管飞行器所受的重力分布在整个机体上，但是飞行器中的某一点（称为重心）对其飞行能力的影响最大。

2. 升力

升力是重力的对立面，是保持飞行器位于空中的气动力，如图 2.1 所示。在装有机翼的飞行器上，升力来自机翼或螺旋桨的空气流动。机翼上方的气

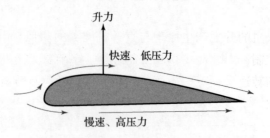

图 2.1　机翼在空中向前移动时产生升力

流速度较快，因此所受的空气压力较小；机翼下方的气流速度较慢，因此空气压力较大。由于机翼上方的气压较小，因此飞机被"吸入"空中。飞行器悬浮或水平飞行时，升力必须等于重力；如果要爬升，那么升力必须大于重力。

3. 空气阻力

在大气中以任何速度移动的物体都会遇到一定的空气阻力，这种阻力随着物体运动速度的加快而增大。为了减小空气阻力，通常将飞机、火车、汽车按流线型设计，以便其周围的空气更顺畅地流动，从而降低阻力，提高车辆的效能。喷气式飞机在起飞之后立即收起起落架，也是为了减小空气阻力，对旋翼无人机来说，这是一个强大的力量。

4. 推力

飞行中的推力是使飞行器在空中前后移动的机械力。飞行器的前后运动是发动机、螺旋桨、火箭或使用任何推进系统造成的。如果推力大于阻力，飞行器将加速前进。如图 2.2 所示，说明了飞行原理（或者力）[2]。

图 2.2　飞行原理（力）示意图

2.2　多旋翼无人机的飞行原理

多旋翼无人机的升力产生原理与直升机旋翼的相似，由于其比直升机结构简单，且易控制，因此应用得越来越广泛。多旋翼无人机的操纵就是通过调节各电动机的转速来改变螺旋桨的转速，实现升力及转矩的变化，从而实现飞行姿态变化。

本书以"×"形布局的四旋翼无人机为例，介绍其操纵性。其他布局的多旋翼无人机操纵方法虽与此有差异，但遵循的基本原则是相同的。

"×"形四旋翼无人机通过控制电动机 1～电动机 4 来带动螺旋桨旋转，

为无人机提供升力（F_1、F_2、F_3、F_4）。电动机和螺旋桨的旋转运动会对机体本身产生反转矩（T_1、T_2、T_3、T_4），若4个电动机同时顺时针转动，将导致机体沿逆时针方向自旋。因此，在"×"形四旋翼无人机中，采用对角电动机同向转动、相邻电动机反向转动的方式，以抵消反转矩。如图2.3所示，电动机1和电动机3逆时针转动、电动机2和电动机4则顺时针转动，4个电动机的反转矩彼此抵消[3]。

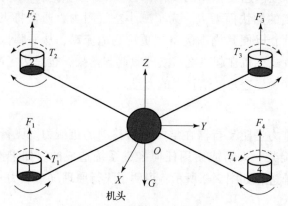

图 2.3　电动机转向示意图

1. 垂直运动

垂直运动是指无人机克服自身重力进行上升和下降的运动，是其最基本的功能。"×"形四旋翼无人机升降运动是指无人机沿着立轴上下垂直运动，4个旋翼由电动机带动旋转，产生向上的升力 F_1、F_2、F_3、F_4，这4个升力的大小相同。因此，无人机产生的总升力 F 为

$$F = F_1 + F_2 + F_3 + F_4 \qquad (2.1)$$

若要无人机能起飞，则总升力 F 必须大于重力 G，当飞行升至规定高度后，要进行升降运动，则通过调节电动机转速来改变总升力 F 的大小实现。当加快电动机转速后，无人机受到的总升力 F 增大，大于无人机自身重力 G，此时无人机做垂直上升运动；当降低电动机转速后，无人机受到的总升力 F 减小，小于无人机自身重力 G，此时无人机做垂直下降运动，若无人机受到的总升力 F 等于无人机自身重力 G，则无人机处于悬停状态。

2. 俯仰运动

俯仰运动是指无人机能绕横轴（Y 轴）转动，以无人机机体纵轴（X 轴）正方向为无人机前进方向，"×"形四旋翼无人机的俯仰运动示意图如图2.4所示。

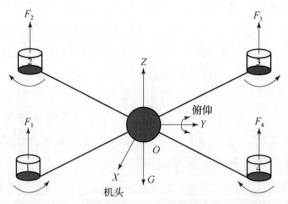

图 2.4 "×"形四旋翼无人机的俯仰运动示意图

在无人机处于悬停的状态下，其受力是平衡的。要使无人机做俯仰运动，可改变电动机的转速，使得升力 F_1、F_2、F_3、F_4 变化，不再保持相等。其中，前方的两个电动机的转速同时变化并保持相等，后方的两个电动机的转速同时变化并保持相等，但是升力的合力仍然与重力 G 相等，即

$$\begin{cases} F_1 = F_4; \quad F_2 = F_3 \\ F_1 + F_2 + F_3 + F_4 = G \end{cases} \tag{2.2}$$

当 $F_2 + F_3 > F_1 + F_4$ 时，无人机在转矩的作用下将绕着横轴（Y 轴）转动，无人机低头，即俯转运动；当 $F_2 + F_3 < F_1 + F_4$ 时，无人机在转矩的作用下也绕着横轴（Y 轴）转动，无人机抬头，即仰转运动。

3. 横滚运动

横滚运动是指无人机能绕纵轴（X 轴）转动，横滚运动的控制方法与俯仰运动相似，"×"形四旋翼无人机的横滚运动示意图如图 2.5 所示。

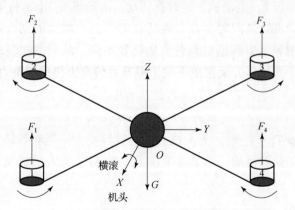

图 2.5 "×"形四旋翼无人机的横滚运动示意图

在无人机处于悬停的状态下，若要做横滚运动，则需要改变电动机的转速，使得升力 F_1、F_2、F_3、F_4 变化，不再保持相等。其中，在同一侧的两个电动机转速同时变化并保持相等，但是升力的合力仍然与重力相等，即

$$\begin{cases} F_1 = F_4 ; \ F_2 = F_3 \\ F_1 + F_2 + F_3 + F_4 = G \end{cases} \tag{2.3}$$

当 $F_3 + F_4 > F_1 + F_2$ 时，无人机在转矩的作用下将绕着纵轴（X 轴）转动，实现右横滚运动；当 $F_3 + F_4 < F_1 + F_2$ 时，无人在转矩的作用下将绕着纵轴（X 轴）产生转动，实现左横滚运动。

4. 偏航运动

偏航运动是指无人机绕着机体坐标系立轴的自旋运动，"×"形四旋翼无人机的偏航运动示意图如图 2.6 所示。

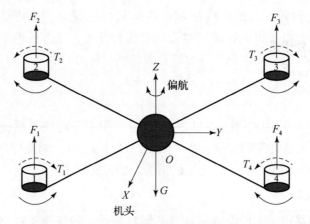

图 2.6 "×"形四旋翼无人机的偏航运动示意图

其中，电动机 1、电动机 3 逆时针转动，电动机 2、电动机 4 顺时针转动；对角的两个电动机转速同时变化并保持相等，另一对角的两个电动机转速同时变化并保持相等，但两组对角各自的转速不同，从而使得反转矩满足对角的反扭矩相等，而相邻的反扭矩不同，但升力的合力仍然与重力相等，即

$$\begin{cases} T_1 = T_3 ; \ T_2 = T_4 \\ F_1 + F_2 + F_3 + F_4 = G \end{cases} \tag{2.4}$$

当 $T_1 + T_3 > T_2 + T_4$ 时，无人机的顺时针转矩大于逆时针转矩，无人机将发生顺时针旋转偏航运动；当 $T_1 + T_3 < T_2 + T_4$ 时，无人机将发生逆时针旋转偏航运动。

5. 前后运动

前后运动是指无人机沿着纵轴在前后方向发生位移的运动，以无人机机

体纵轴（X 轴）正方向为无人机前进方向。"×"形四旋翼无人机的前后运动
示意图如图 2.7 所示。

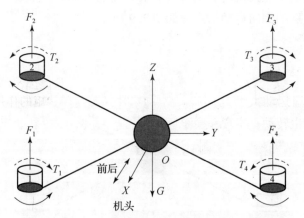

图 2.7　"×"形四旋翼无人机的前后运动示意图

在无人机处于悬停的状态下，其受力是平衡的，可通过改变电动机转速
来使得升力 F_1、F_2、F_3、F_4 变化，不再保持相等。其中，在前方的两个电动
机转速同时减小并保持相等，后方的两个电动机转速同时增大并保持相等，
且升力的合力大于重力，但仍然保持对角的反转矩之和相同，即

$$\begin{cases} F_1 = F_4 ; F_2 = F_3 \\ F_2 + F_3 > F_1 + F_4 \\ F_1 + F_2 + F_3 + F_4 > G \\ T_1 + T_3 > T_2 + T_4 \end{cases} \tag{2.5}$$

此时，无人机做俯转运动，升力在水平方向的分力对前后位移进行修正
和控制。如图 2.8 所示，俯仰角为 θ，当满足升力的垂直分力与重力相等（即
$F\cos\theta = G$）时，在没有外力干扰的情况下，四旋翼无人机将在水平分力 $F\sin\theta$
作用下沿前进方向做加速运动，不发生自转及上下垂直运动。

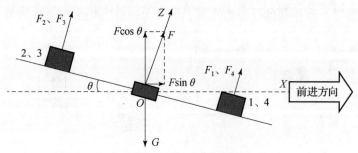

图 2.8　"×"形四旋翼无人机的前后运动受力分析

6. 侧向运动

侧向运动是指无人机沿着横轴（Y轴）左右方向发生位移的运动，"×"形四旋翼无人机的侧向运动示意图如图2.9所示。

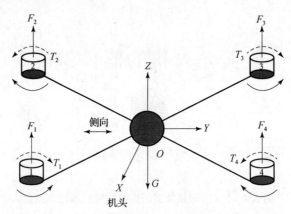

图2.9 "×"形四旋翼无人机的侧向运动示意图

在无人机处于悬停的状态下，其受力是平衡的，可通过改变电动机转速来使得升力 F_1、F_2、F_3、F_4 变化，不再保持相等。其中，在同一侧的两个电动机转速同时减小并保持相等，另一侧的两个电动机转速同时增大并保持相等，且升力的合力大于重力，但仍然保持对角的反转矩之和相同，即

$$\begin{cases} F_1 = F_2 ; \ F_4 = F_3 \\ F_1 + F_2 > F_3 + F_4 \\ F_1 + F_2 + F_3 + F_4 > G \\ T_1 + T_3 = T_2 + T_4 \end{cases} \quad (2.6)$$

此时，无人机做横滚运动，升力在水平方向的分力对左右位移进行修正和控制，如图2.10所示，横滚角为 φ，当满足升力的垂直分力与重力相等（即 $F\cos\varphi = G$）时，在没有外力干扰的情况下，四旋翼无人机将在水平分力 $F\sin\varphi$ 的作用下沿左侧方向做加速运动，不发生自转及上下垂直运动。

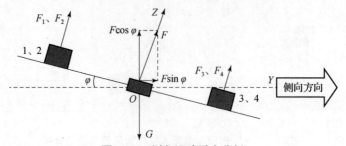

图2.10 侧向运动受力分析

第3章
旋翼无人机的器件选配

3.1 旋翼无人机安全须知

安全无小事，在选购和安装旋翼无人机前，应熟悉并牢记从事航模活动的安全知识。这不仅能有效保证自己和周围人的人身安全，也能减少投资的损失。很多模型器材的包装袋上或说明书中都有醒目标识：您购买和准备使用的设备不是玩具。

3.1.1 选配时的安全事项

航模选配器件时，要充分考虑其安全因素。

首先，在选配时，电池、电调、电动机和螺旋桨的各项参数应在不超限的前提下，满足模型的最大动力使用要求。有些爱好者喜欢"暴力改装""暴力配置"，就是通过超额过载使用部件来实现"暴力输出"的。诚然，在航模活动中追求更高、更优性能的初衷没有错，但应通过改进设计、提高工艺、优化配置等途径来提高，而非以超额过载使用器材，甚至不惜以逼近"烧毁"临界值的代价来增加动力。

其次，应选用质量有保证的器材，如图3.1所示。建议初学者从入门级

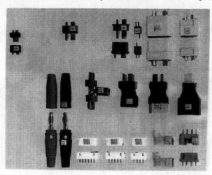

图3.1 电源线和插接件应能承受足够大的电流

航模开始，循序渐进地开展活动。在选购时，切不可贪图便宜，买一些标示性能参数很高，实际上虚标严重、做工粗糙的器材。市面上销售的很多"三无"产品虽然价格便宜，但在生产过程中可能为降低成本、追求经济利益而采用了不合格的原料，进而留下很大的安全隐患。

3.1.2 装配时的安全要素

旋翼无人机系统的安装包括电动机和螺旋桨的机械连接、模型的结构连接、电调和电池的电路连接等，在此介绍几条最基本的装配原则。

1. 任何两个可运动的部件之间都不能存在干涉

具体到电动动力系统来说，是指电动机转子和螺旋桨与其他部件之间要留出安全距离，不仅要杜绝明显的碰撞、挤压，还要防止出现轻微剐蹭。例如，使用大直径塑料/尼龙螺旋桨（或结构较软的机体）时，应在其部件之间留出足够大的安全距离。

2. 结构连接不应将就、对付

实际上，无人机的每个部分都有多种结构设计方案。在设计和安装时，应尽量采用更稳妥的方案，决不能怕麻烦、图省事。例如，处理结构连接的总原则是：能用结构传力就不用连接件；能用连接件就不用胶粘；能用螺钉、螺母就不用自攻钉、尼龙搭扣等；能用防松螺母就不用普通螺母。

3. 电路连接要"够分量"

对大多数无人机（尤其是小型机）而言，导线、插头（图3.2、图3.3）等占总重的比例非常可观。例如，优质硅胶外皮、纯铜镀银的18AWG导线（图3.4），每米可达几十克。虽然减重是无人机制作中需要注意的一个重要因素，但千万不能在线材方面"动脑筋"。在使用过程中，无人机电动机的电流动辄达数十安培。如果一味在线材上"减重"，那么工作时导线会因"过载"而发热，轻则影响动力大小，重则导致线路熔毁，甚至引燃无人机。

　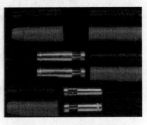　

图3.2 插头　　　　　图3.3 防火镀金插头　　　　图3.4 优质导线

3.1.3　使用时的安全习惯

在平时的试飞和训练中，应养成一些好的飞行习惯，保证安全。

1. 在进行制作、调试维修等工作后，应清点工具、收拾工作台、及时清理垃圾废料

无论是军用航空还是民用航空，清点工具和维持工作场所整洁都是非常重要的，必须有效执行。将工具摆放得井井有条、可随手取用，可以提高工作效率，不会发生需要时找不到的情况。

2. 重要工作始终由一人完成，危险工作须有人协助

对于一些重要工作（如电路连接、关键螺钉的拧紧等），如果中途贸然换人又没做好交接工作，就很可能出现遗漏和差错，因此建议将重要工作全程由一人操作。在做有一定危险性的工作（如大功率电动机试运转、实验性模型飞机首飞、操作大型机械加工机床等）时，即使自身已熟练掌握技巧、能够独立完成，也应找一位熟手在旁协助，以免出现危险时无人帮忙。

3. 锂电池充电须有人值守

无人机所用的锂电池与日常生活中用到的锂电池有所不同。普通锂电池不仅其内部有维持稳定的化学成分，而且在输出端有保护电路，而无人机所用的锂电池往往没有这些。而且，无人机所用的锂电池能量巨大，一旦发生意外，后果会很严重。因此在给锂电池充电时，一定要做到有人值守。除了锂电池，在离开工作台时还应注意其他发热设备（如电烙铁、电熨斗等）一定要断电。

4. 像准备飞行一样准备飞机调试

很多爱好者在航模即将完成时会很激动，迫不及待地在工作台上通电调试，甚至在导线还没匝好、接收机还未固定的情况下，只用手按着就开始感受动力的轰鸣，这些做法无疑是非常危险的！建议大家将每次动力调试都看作试飞前的最后一次准备。每次都要像准备飞行一样，收拾整理好测试工具，安装、固定好无人机的所有部件，清理出工作台或者到有足够空间的场所调试；在动力系统开始运转前，一定要保证所有在场人员远离螺旋桨平面，以免其损坏或打到杂物时甩出的碎片伤人。

5. 列写操作检查单

例如，列一个外场飞行要带的器材目录，防止忘带物品；列一个无人机连线和遥控通道设置的记录，避免在外场重新调试；列一个动力接通前的备

忘事项，不要遗漏重要步骤；列一个动力电池的充放电或飞行记录，有助于监控电池状态。

3.1.4 储存时的安全规范

存放无人机及相关工具时，要注意锂电池的储存。锂电池应单独存放（图3.5），不可与木材、布料等易燃物放在一起；还应注意绝缘存放，即不与可能导致短路的线材、尖锐的金属物等一起存放，对裸露的电池接头做好绝缘保护。此外，还要准备防火防爆的电池专用储存袋，如图3.6所示。

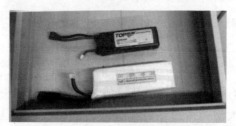

图3.5 尽量单独存放锂电池

图3.6 具有防火能力的锂电池保护袋

若需长时间存放电池，则应预先检查剩余电量。长时间储存时，放完电的锂电池可能发生过放电损坏，而满电的锂电池可能"鼓包"（图3.7），应将电池电量调整至70%~80%为宜。目前，很多充电器都有充电至储存电压的功能（图3.8），非常实用。一定要对长期储存的锂电池做记录，并定期对电池进行充放电。

图3.7 因储存不当而"鼓包"的锂电池

图 3.8　充电器有锂电池储存模式

对于因各种原因无法正常使用的锂电池，必须隔离存放。尤其是"炸机"后因外观变形而无法判断状态的锂电池，即使短时间内电压和容量正常，其内部损伤也有可能导致突然自燃。这类锂电池在观察期间要单独存放。对于确认无法使用的锂电池，应及时交给相关回收点。

3.2　不同机型的选配要求

虽然大部分旋翼无人机的电动动力系统的配置构成相似，但因机型的不同，以及重量、体积及飞行性能要求不同，相应动力系统的特点也不同。优秀的动力性能是无人机飞行性能的重要保证，而合理的动力系统选配是其必要条件。在实际飞行中，如果电动动力系统各部件选配合理，那么即使采用了档次一般的器材，无人机也能稳定可靠地飞行；反之，如果选配不合理，那么即使采用了高端器材，也可能发生烧毁电动机、损坏无人机的情况。

在为无人机选配电动动力系统的部件之前，须熟知并遵循以下几条基本原则，以保证其气动特性和飞行安全。

1. 推重比应满足飞行要求

推力重量比（thrust – to – weight ratio，TWR）简称"推重比"，是一个无量纲的参数，是飞机动力系统最大推力/拉力与飞机飞行重量的比值。该参数是衡量动力系统乃至整架飞机性能的重要参数，尤其会对飞行性能产生很大影响，如图 3.9、图 3.10 所示。

图 3.9　战斗机的推重比较大

图 3.10　民航客机的推重比较小

　　具体到无人机，理论上只要动力系统产生的与前进方向相同的推力能克服飞行时的空气阻力，飞机就能持续飞行。但实际飞行时，这还远远不够。无人机起飞时，要抵消地面与起落架之间的摩擦力；加速时，要克服机体的惯性力；爬升或机动时，要平衡其重力带来的沿机身轴线的分力；着陆时，要能随时提供足够的推力，以保证复飞。

　　因此，无人机动力系统所能提供的最大推力，必须超出其平飞时所需的推力。只有这样，超出部分才能用于应对上述情况，即剩余推力要足够大。剩余推力的大小决定了模型的加速性能、爬升性能、机动性能、起飞距离等。要想获得足够的剩余推力，那么无人机动力系统的推重比就必须大，即必须达到（或超过）设计的推重比。

　　如果计算飞行器（如飞机）的推重比，则用海平面的最大静推力除以最大起飞质量得出。如果计算发动机的推重比，则以发动机本身的质量与所产生的推力作比较。

　　例如，俄罗斯 RD-180 的海平面推力为 3 820 kN，净重为 5 307 kg，地球表面重力加速度取 9.807 m/s^2，则海平面推重比为

$$\text{twr} = \frac{T}{W} = \frac{3\ 820\ \text{kN}}{5\ 307\ \text{kg} \times 9.807\text{m/s}^2} = 73.40 \tag{3.1}$$

　　对于多旋翼无人机，按照式（3.1），则有

$$\text{多旋翼推重比} = \frac{\text{单个电动机的最大拉力} \times \text{电动机个数}}{\text{飞机总重}} \tag{3.2}$$

式中，单个电动机的最大拉力是油门接近 100% 时的拉力，一般可以直接从电动机厂家提供的参数中获取。

　　由于多旋翼无人机是垂直起降，所以推重比至少是 1。假设油门和推力（拉力）近似呈线性关系（图 3.11），则其推重比与起飞油门有直接关系，如起飞油门是 60%，那么推重比可以近似计算为起飞油门的倒数，即 1.67。

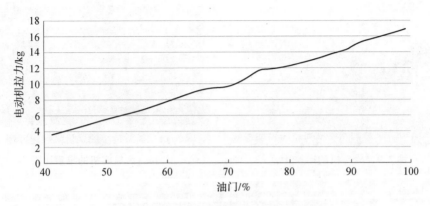

图 3.11　某 120 kV 电动机油门拉力曲线

这就是我们平时很少关注推重比的原因，因为对多旋翼无人机而言，起飞油门不仅能直接体现起飞推杆油门的大小，还能反映整机的拉力控制余量和推重比效果。多旋翼无人机的设计起飞油门一般在 50% ~ 70% 之间，对应的推重比为 1. 42 ~ 2。穿越机因为要获得更好的机动性能，则应将推重比尽量设计得大一些[4]。

2. 载荷满足设计需求

实际装机时，可能会遇到这样的情况：由于对无人机的起飞质量没有明确限制，因此在已知空机质量情况下，不管是选配拉力较小、质量较轻的动力系统，还是选配拉力较大、质量较大的动力系统，无人机的推重比都相同，该如何确定？

要解决这个问题，还需要考虑无人机的翼载荷。翼载荷是飞机单位面积升力面所承受的气动力载荷。在平飞状态下，飞机的翼载荷可理解为单位面积升力面分担的飞机质量，即粗略计算为飞机质量除以机翼面积。飞机翼载荷通常采用国际单位制，即千克/平方米（kg/m^2），但无人机翼载荷的数量级较小，通常采用的单位是克/平方分米（g/dm^2）。

翼载荷可衡量飞行中机翼的受载状况，直接影响飞机的飞行性能：翼载荷小，飞行速度慢，则飞机的操纵性和机动性较好；翼载荷大，飞行速度快，则飞机的机动性较差，但飞行阻力小，抗风性和穿透性较好。因此，根据机型和任务要求的不同，飞机的设计翼载荷各有差异，如图 3.12、图 3.13 所示。在选配无人机动力系统时，还要考虑载荷的大小及其影响。

注意：不能让载荷严重偏离设计值，否则会严重影响无人机的飞行性能。

图 3.12 翼载荷大的飞机飞行速度快 图 3.13 翼载荷小的飞机飞行速度慢

3. 安装应不影响配平

飞机模型是否配平，对其稳定性和操纵性意义重大：重心位置的偏差对飞行的影响很大，轻则让无人机"很不好飞"，重则导致无人机根本无法飞行。

由于电动动力系统的质量占无人机总重的比例较大，且其配平对飞行性能的影响很大，因此在选配和安装动力系统时，要格外关注飞机的配平问题。无论是初期选择器材，还是进行动力升级改装，都应大致估算动力系统的总重，并规划各部件的安装位置。安装时，尽量通过移动电池的方法调整无人机的重心位置（图 3.14、图 3.15），做到"零配重"或小配重。如果遇到因空间等限制而导致无法配平，必须添加较大重量配重的情况，则应考虑更改动力系统的配置，或修改无人机总体布局设计。

图 3.14 电池在机头，重心靠前 图 3.15 电池在机舱，重心后移

4. 最大工作电流应不超过器件限额

尽管无人机在飞行时，其动力系统不会一直处于最大电流状态，但确保其最大电流不超过各个部件的工作限额仍是非常重要的配置原则。如果超过了限额，那么最严重的情况就是部件烧毁，如图 3.16 所示。无论是电动机用

的漆包线，还是电调用的 MOS 开关管，其耐高温性能都有硬性要求，应注意散热（图 3.17）。当动力系统的工作电流超过设计值时，工作产生的热量无法及时传递到机体外，部件极易被烧毁。

图 3.16　超额使用导致电动机烧毁

图 3.17　电动机上留有散热孔

即使不发生烧毁事故，若出现电调在空中直接进入保护状态等情况，也会危及无人机的飞行安全。某些电调具备自保护功能，即在电流过大、温度过高时会限制自身功率，或直接关停电动机。因此，如果发现电调因超额运行而进入自保护程序，就应尽快改善电调的散热性能，可用导热硅脂和散热片进行改装。建议将电调的自保护设置为限制功率而非直接关停电动机，这样就能保证模型飞机在电调过热时仍然可以安全返航。

3.3　动力系统参数确定

前面的内容提到了无人机动力系统配置的几个常用原则，其中涉及很多设计参数。接下来，介绍翼载荷、推重比等基本参数的确定方法。

3.3.1　翼载荷

无人机的翼载荷与飞行速度、起降性能、爬升性能、机动性能、最大航程、最高升限等有关。总的来说，要求高机动性、起飞着陆速度小的无人机，多采用较小的翼载荷；而要求飞行速度快、抗风性好的无人机，多采用较大的翼载荷。无人机的飞行性能与翼载荷之间也有类似关系，即无人机的翼载荷大小与其类型和用途相关。所以说，并不是飞机越大、越重，其翼载荷就越大。

表 3.1 列出了不同类型飞机的翼载荷范围，表 3.2 列出了常见模型飞机的翼载荷范围。通过表中数据，读者可对翼载荷大小与飞机类型的关系有大致了解，并知道需要选配动力组的航模的翼载荷范围。

表 3.1 不同类型飞机的翼载荷范围

飞机类型	翼载荷范围/ (kg·m^{-2})	典型机型			
		机型	翼载荷/ (kg·m^{-2})	巡航速度	最大速度
通用航空飞机	50 ~ 150	塞斯纳 172S	60 ~ 70	226 km/h	245 km/h
战斗机	250 ~ 550	F - 16	260（平飞）	—	2.0Ma
		Su - 27	360 ~ 530	—	2.35Ma
涡桨运输机	400 ~ 600	安 - 12/运 8	500 ~ 550	550 km/h	660 km/h
		C - 130	430 ~ 490	602 km/h	645 km/h
小型喷气民航机	600 ~ 800	波音 737 - 800	500 ~ 550	0.785Ma	0.82Ma
		空客 A320 - 200	600 ~ 630	0.78Ma	0.82Ma
大型喷气民航机	600 ~ 800	波音 747 - 400	740 ~ 780	935 km/h	969 km/h
		空客 A380 - 800	650 ~ 670	903 km/h	1 020 km/h
大型喷气运输机	600 ~ 800	C - 17	700 ~ 750	0.74Ma	0.77Ma
		伊尔 - 76	600 ~ 630	750 km/h	850 km/h

表 3.2 常见模型飞机的翼载荷范围

类型	翼载荷范围/(g·dm^{-2})
模型滑翔机	15 ~ 35
室内/超轻型模型	30 ~ 50
练习机	50 ~ 70
表演机/竞赛机	60 ~ 100
像真机	80 ~ 150
多旋翼无人机	17 ~ 55

除了考虑飞机的类型外，在选配动力组时，还应适当考虑其飞行科目。简言之，如果要体验慢悠悠、轻飘飘地飞行，则翼载荷应小一些；如果要在室内场地做大迂回、高机动的飞行动作，则翼载荷不应过大，如图 3.18 所示；如果要在宽阔场地飞大航线并体验类似真机的速度冲击感，则翼载荷可偏大一些，如图 3.19 所示。

图 3.18　室内场地、低速飞行的 **F3P** 模型飞机，翼载荷较小

图 3.19　翼载荷大的航模能产生类似真机的速度冲击感

3.3.2　推重比

推重比是衡量飞行性能的重要参数，其大小决定了飞机剩余功率的大小。达到设计的推重比，是飞机动力系统必须满足的基本要求。那么，在选配无人机动力部件时，该如何确定推重比？

表 3.3 给出了不同类型载人飞机的推重比范围，表 3.4 则给出了常见模型飞机推重比的范围。不难发现，模型飞机的推重比要比载人飞机的大一些。之所以如此，一是模型飞机一般在目视距离内飞行，需要做更多机动动作；二是模型飞机尺寸较小，导致其雷诺数小、气动效率低，因此正常飞行时也应具有更大的推重比。

表 3.3　不同类型载人飞机的推重比范围

飞机类型	推重比范围	经典机型及其推重比
大型喷气运输机	0.25~0.3	C-17，0.27
大型喷气民航机	0.25~0.4	波音 747-400，0.29
小型喷气飞机	0.3~0.6	湾流 G550，0.38
教练机/攻击机	0.6~0.9	FBC-1，0.82
战斗机	0.9~1.2	歼10，1.024

表 3.4　常见模型飞机推重比的范围

模型飞机类型	推重比范围	模型飞机类型	推重比范围
动力滑翔机	0.3~0.4	像真机	0.8~1.0
初级练习机	0.7~0.9	特技机/竞赛机	0.6~0.9

注意：推重比并非越大越好。在满足设计推重比的情况下，无人机的推重比越大，则动力系统对其气动特性和操纵性的附加影响就越大。而且，动力组质量的增加还会造成翼载荷过大，反而使得无人机的飞行性能下降。因此，无人机的动力系统能满足推重比要求即可，切不可盲目追求高指标。

经分析并确定模型飞机的翼载荷和推重比后，结合未安装动力组的空机质量，就可大致确定要选配的动力组的质量和拉力大小，这样就完成了选配动力系统的第一步。

3.4　动力系统的初步选配

目前，随着无人机技术的迅速发展，其动力设备的可选范围非常广，只要大致参照厂家给出的性能参数或经验数据，就可找到能满足要求的动力搭配。在确定动力系统的质量与拉力大小后，即可从常见的动力组配置中选出合适的搭配方案。

为了更好地介绍选配流程，同时给读者提供一个方便查阅的参考依据，3.4~3.6 节统计了常见的电动机、电调、电池、螺旋桨等航模器材对应的性能参数范围，并整理出各类动力组件间典型的搭配方式。表 3.5 的信息来源于各种模型器材的标称参数、生产商推荐的配置、实际使用经验等，仅供参考，不可作为衡量动力系统性能的标准。实际使用时，动力系统的性能会受产品设计、选材、制造工艺、使用方法等因素影响。在制造工艺较低、选材较差的情况下，应保守选取性能数据。

表 3.5　常见动力系统配置表

电动机规格		17/18	22	28	35	41
外形尺寸	外径/mm	22 ~ 24	28	35 ~ 38	41 ~ 45	50 ~ 58
	长度/mm	20 ~ 36	20 ~ 40	30 ~ 45	40 ~ 60	40 ~ 60
常见型号		2223 ★ 1806 ☆	2826 ★ 2208 ☆	3542 ★ 2820 ☆	4250 ★ 3520 ☆	5050 ★ 4120 ☆
KV 值		1 000 ~ 2 500	700 ~ 2 000	500 ~ 1 500	400 ~ 1 000	300 ~ 600
螺旋桨直径/in		6 ~ 10	9 ~ 12	11 ~ 14	13 ~ 15	14 ~ 16
最大转速范围/$(r \cdot min^{-1})$		7 000 ~ 10 000	6 000 ~ 9 000	5 000 ~ 8 000	5 000 ~ 7 000	5 000 ~ 7 000
最大电流/A		10	15 ~ 20	25 ~ 45	35 ~ 70	50 ~ 85
电池规格/mAh		2S 800/1 300	3S 1 300	3S/4S 2 200	3S/4S 4 400	5S/6S 大于 5 000
拉力范围/kg		0.3 ~ 0.8	0.8 ~ 1.5	1.5 ~ 2.5	2.0 ~ 3.0	2.5 ~ 3.5

注：电动机规格按定子的直径分类，单位为 mm。

在"常见型号"栏中，标★的型号以外形尺寸为标准（如双天等），标☆的型号以定子尺寸为标准（如 AXI 等）。

表 3-5 所列的电动机基本涵盖了普通电动模型飞机上会用到的型号。根据表中给出的数据，可按以下流程来完成动力系统的初步选配：首先，根据估算的翼载荷和推重比，得出动力系统应提供的拉力大小，选出合适级别的电动机和螺旋桨组合；其次，依据所选电动机的最大额定电流，选择所需的电调（其标称电流应大于或等于电路的最大额定电流）；最后，参照电路的额定电流，从估算动力系统总重中减去电动机、螺旋桨和电调的质量，得到剩余质量，据此选择一块合适的锂电池。

3.5　调整动力系统的配置

完成动力系统的初步选配后，不要急于购买和安装动力组件。这是因为，在选配时不仅要结合前文介绍的理论选定动力组件的大致参数范围，还要参考每架无人机的实际使用情况，做细节处的调整。在初步选配后，还要根据具体机型的尺寸、结构特点、飞行性能对初选方案进行调整，最终确定无人机动力系统各组件的参数和选型。由于动力组的初步选择从电动机和螺旋桨开始，因此最终方案的细节确定也从这部分着手。

1. 螺旋桨尺寸的选择

螺旋桨的主要作用是将电动机的机械能转换成拉力。螺旋桨之所以能产生拉力，是因为其桨叶的横截面具有翼型，所以当空气流过螺旋桨时，会产生一个向前的作用力，从而推动无人机向前飞行。需特别注意的是，螺旋桨不是利用将空气吹向后方的反作用力产生拉力（这正是螺旋桨与涵道风扇的主要区别），因此不能简单地认为"螺旋桨旋转产生的风速越快，拉力就越大"。

理论上，螺旋桨的拉力与其直径的三次方成正比，因此在其他条件允许的情况下，应尽量选择大直径的螺旋桨。在做细节调整时，首先，要考虑安装环境，防止螺旋桨因桨叶过大而与机身其他部件发生干涉；如果桨叶较薄，还应注意桨叶变形后是否与其他部件干涉。其次，在机身较低时，应注意是否有螺旋桨打地的可能；尾推布局的则要注意其抬头时是否有螺旋桨打地的可能。最后，在机身截面较大时，应特别注意避免机身对螺旋桨滑流的遮挡；尾推布局的则要避免机身对来流的扰动。

具体选购时，请大家参考以下建议：

（1）若要桨叶不出现干涉现象，那么桨叶与机身任何固定部件的距离都应大于20 mm。若桨叶较薄或材质较软，还应留出更大的安全距离。

（2）若要防止桨叶打地，那么螺旋桨旋转时距地面最近点的高度至少要大于其直径的1/10。对于经常在草地、碎石路面起飞着陆的无人机，则该高度至少要大于螺旋桨直径的1/5。

（3）为尾推布局的无人机选配螺旋桨时，要以10°～15°抬头时的姿态判断桨叶是否会打地，且最好增加腹鳍、护尾器等防擦尾措施。对于易"拿大顶"的，采用后三点式起落架的、尾推布局的，以及起落架间距较小、易出现"侧翻"的无人机，则更应加强对其螺旋桨的保护。

2. 螺旋桨与电动机的匹配

在电动机的规格选择上，除了 3.4 节提到的拉力大小，还需考虑其与螺旋桨的匹配。螺旋桨只有与电动机合理搭配，才能在合适的转速下稳定高效地工作。选择电动机时，需要关注的核心参数是 KV 值。结合表 3.5 可知，大直径螺旋桨一般需要搭配低 KV 值电动机才能产生足够的扭矩，而小直径螺旋桨一般需要搭配高 KV 值电动机才能在小电流、低电压下达到较高转速。

在选购电动机方面，笔者还有一些实用经验。具体如下：

（1）在电流、功率等参数相同的情况下，大直径、小长度的电动机往往比小直径、大长度的电动机具备更好的散热能力。同时，电动机直径的增大会使其产生的扭矩变大，这有助于提高驱动效率，但启动和加速性能会稍降。

（2）转速最能反映螺旋桨与电动机的匹配度。有经验的飞手可通过螺旋桨和电动机工作时的声音来判断二者是否匹配；新手则可通过转速表测出的电动机转速来判断。一般来说，全油门时电动机转速范围为 6 000 ~ 12 000 r/min，其中直径在 14 in 以上的螺旋桨转速低（6 000 ~ 8 000 r/min），直径在 10 in 以下的螺旋桨转速高（10 000 ~ 12 000 r/min）。电动机转速太低将导致螺旋桨工作效率降低，太高则可能因桨尖空气压缩而无法提高螺旋桨的工作效率。

（3）高温是电动机过载的重要标志。飞手可通过测量电流来判断电动机负载大小，若无专门的测量仪表，则可通过断电后电动机的温度来判断。电动机无论质量优劣，在停转后其表面温度都不会高到手指无法触碰的程度，否则表明电动机已严重过载。过载会导致电动机寿命缩短甚至烧毁，危及飞行安全。

3. 电动机与电池的搭配

要想电动机达到理想转速，电池的电压须足够。由于无人机所用的电池多由单节锂电池串联而成，因此电池组的总电压是单节电池电压（3.7 ~ 4.2 V）的整数倍。电池的选配与电动机的 KV 值密切相关。依据经验，KV 值在 1 500 以上的电动机搭配 2S 锂电池就够了（低压电池组有助于减小动力系统重量）；KV 值在 800 ~ 1 500 范围的电动机搭配 3S 锂电池，可在电池质量和输出功率之间取得一个较好的平衡；KV 值在 800 以下的电动机，其体积和功率较大，可搭配 4S、5S 乃至 6S 锂电池（相同功率下，采用低压电池组需要更大的工作电流，线路损耗增加）。

因此，在有多种方案可供选择的情况下，应尽量采用电压较高的电池组。在线路上损耗的功率与电流的平方成正比，所以只要提高动力系统电压，就可在总功率不变的情况下降低线路损耗，提高电动机效率和飞行安全性。但在任何情况下，都不建议采用8S以上的锂电池组。这是因为，人体所能承受的安全电压为36 V，而8S锂电池的满电电压大约为33.6 V(8×4.2 V)，所以8S以上的锂电池组在使用时非常危险。在确实需要如此大功率输出的无人机时，可采用活塞、涡喷等内燃机作动力。

4. 电池质量与功率、续航时间的选配

在无人机动力系统中，由于电池的质量占动力系统总重的比例最大，对翼载荷、推重比等参数的影响也较大，因此对它的选配需要仔细权衡。电池组的放电倍率限制了最大输出电流（即决定了动力组的最大输出功率），其总容量则限制了无人机的最长续航时间。因此，可根据最大输出功率和最长续航时间来选择合适的电池。

由无人机所需的最大输出功率可得出最大输出电流，从而计算得到电池的最小容量。假设待选电池的最大放电倍率为15 C，根据动力系统所能承受的最大输出（工作）电流应小于电池组的最大放电电流的原则，可将其最大放电电流除以这个最大放电倍率，便可得到电池应具备的最小容量。例如，所选电动机的最大工作电流为60 A，那么电池组的最小容量应为4 Ah（60 A除以15 C）；如果待选电池能在20 C下安全放电（即最大放电倍率为20 C），电池组的最小容量应为3 Ah（60 A除以20 C）。

实际上，无人机所需的续航时间很短，一般为10 min左右。某些用于试验飞行的无人机可能只需飞行1 min便可。前文提到的最大放电倍率为15 C的电池组，如果一直保持高倍率放电，就会在1/15 h（即4 min）内耗尽电力。在大部分航模比赛的项目中，模型完成整套飞行动作的时间仅几分钟，因此在选配动力系统时，若无明确的任务要求，就不要盲目追求过长的续航时间。因此笔者在推荐选配无人机动力系统时，将续航时间定为10 min。仍以最大工作电流为60 A的电动机为例，因无人机起飞后大部分时间的动力都不在最大状态，故以最大工作电流的一半（即30 A）计算其巡航时间。若续航时间为10 min，巡航时电池的放电倍率为6 C，所需电池的最小容量为5 Ah（30 A除以6 C），即一块容量为5 000 mAh的无人机电池就能满足续航要求。而且，无人机的气动性能越好，巡航时的工作电流越小，电池的容量就能再小一些。

尽管从计算公式上看，增加电池容量能提高无人机的续航时间，但实际上单纯地增加电池容量并不能无限制地延长续航时间。这是因为，电池容量的增加必然导致动力系统增重，进而增加整机质量，这不仅需要增大巡航所需的动力和最大工作电流，还会减小推重比、增加翼载荷，所以这样调整后不仅巡航时间提高得不明显，而且可能降低整架无人机的飞行性能。在此建议，如果增加电池容量后，续航时间没有明显增加，或者要求 30 min 以上的续航时间，不妨在无人机的气动布局等方面多下功夫，如采用大展弦比机翼、做翼身融合设计等[4]。

经过以上一系列的考虑和选配，就能找到一套满足无人机飞行性能要求的动力系统配置方案。在购买动力组件前，还应观察待装无人机的细节，了解电动机和电池的安装方法和位置、电路的连接方式等。

3.6　遥控设备的选配

遥控设备是无人机模型的"大脑"，是对无人机模型直接发出动作指令的机构，遥控设备的性能关系着飞行安全，尤其是对于那些飞行速度快、飞行质量大的无人机模型。因此在选购遥控设备时，要把安全性放在第一位，听取资深专业爱好者的忠告，而不要只图便宜！出于安全性考虑，应该对遥控设备做好严格检查后使用，而且建议先在小型无人机模型上试用，再用于大型无人机模型。

3.6.1　遥控设备的种类

遥控设备的种类繁多，用途广泛，其中配置和功能也不同，因此首先要根据模型种类与用途选择遥控设备。遥控设备通常按用途和功能档次进行分类。

1. 按用途分类

根据用途，遥控设备可分为车船模型用设备和无人机模型用设备。车船模型用设备通常只具备 2～3 个通道，无人机模型用的遥控设备一般具有 4 个通道，并且通常采用双杆式的结构，如图 3.20 所示。

图 3.20　遥控设备

2. 按功能和档次分类

遥控设备按性能和功能差异以及价位可分为普通版、中级版、中高级版、高级版，如图 3.21 所示。通常，普通版、中级版、中高级版适合一般业余爱好者使用。

（a） （b） （c） （d）

图 3.21 遥控设备档次分类

（a）普通版（4VF），适合入门爱好者；（b）中级版（6EX），适合中级爱好者；
（c）中高级版（10C），适合中高级爱好者；（d）高级版（14MZ），适合高级爱好者

遥控设备有通道数目之分。通俗地讲，通道就是控制无人机模型动作的某项功能，每个通道可以控制无人机模型的一项功能。一般遥控无人机模型必须要能控制副翼、升降舵、方向舵、油门，所以遥控器至少需要使用 4 个通道，把握"通道数宁多毋少"的原则。

3. 操作使用分类

所谓美国手、日本手，是遥控器美国式手法和日本式手法的简称，它决定了遥控器上主要的两个操纵杆的功能。

3.6.2 遥控设备的组成及原理

1. 遥控设备的组成

遥控设备一般由发射系统和接收系统两部分组成（图 3.22），发射系统主要由发射机构成，接收系统主要由接收机、舵机、电源等组成。发射机的任务是发出指令及电子信号，接收机的任务是接收发射机发出的电子信号，而舵机将接收机的电子信号转化为机械动作。遥控设备的各部位名称及作用如图 3.23 所示。

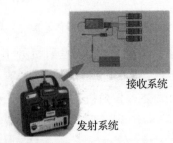

接收系统

发射系统

图 3.22 遥控设备组成

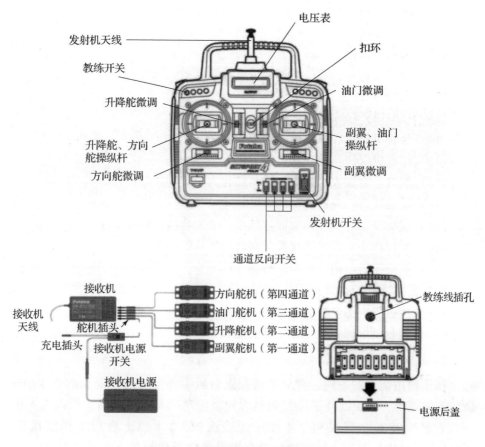

图 3.23 遥控设备各部位名称及作用

（1）发射机：操作者发出指令的机构。

（2）操纵杆：发射机上用手指进行操纵的部件。

（3）微调：用来修正每个通道不正的飞行轨迹。微调开始放在中立位置，它只能在小范围内进行修正。

（4）电压表：用来显示发射机电压，当电压表的指针落入红区或发出报警信号时，就说明发射机处于低电压状态，应该马上降落无人机模型，否则会有失控的危险！接收机一般不设电压表，因此应时常检查接收机电压。

（5）发射机开关：用来开关发射机的电源。

（6）通道反向开关：用来改变舵机转动方向。当一架无人机模型初步组装完成后，如果发现某个舵面的动作方向反了，则可以将这个通道的反向开关拨到另一端，舵面的动作方向就和操纵一致了。

（7）发射机天线：用来发射电波信号。

（8）扣环：可以用背带扣住发射机，将其挂在颈部。

（9）教练开关。

（10）发射机晶体：决定发射频率的零件。

（11）教练线插孔：通过连接线将教练和学员的发射机串起来使用。

（12）电源后盖。

（13）接收机：接收电波信号的机构。

（14）接收机晶体：接收电波频率的零件。

（15）接收机天线：用来接收电波信号。

（16）舵机：将接收机的电子信号转化为机械动作的部件。

（17）舵机摇臂：舵机转动的力臂。

（18）舵机安装耳盘：用来固定舵机，要配合减振胶垫使用。

（19）舵机插头：舵机连接线与接收机连接的插头。

（20）舵机插口：用于插接舵机插头的端口。插口有特殊的形状，以免舵机线的正负极插反。

（21）接收机电源：安装电池的安装盒。

（22）接收机电源开关：用来开关接收机电源。

2. 遥控设备的基本原理

按照使用技术的不同，常见的遥控发射机主要分为红外遥控和 2.4 GHz 无线遥控两类，由于红外遥控发射机方向范围窄且发射距离短，所以无人机遥控发射机基本上都采用 2.4 GHz 无线遥控。2.4 GHz 是指工作频段在 2 400～2 483 MHz 范围，这个频段是全世界免申请使用的。常见的 WiFi、蓝牙和 ZigBee 都使用 2.4 GHz 频段。虽然 WiFi、蓝牙和 ZigBee 都基于 2.4 GHz 频段传输，但由于它们采用的协议不同，其功耗和传输速率也不同，因此应用场景也不同。同样，采用 2.4 GHz 频率作为载波，不同的通信协议衍生出的通信方式会有很大差别，仅在传输数据量上就有 1～100 MHz 的差别。

市面上的无人机遥控器基本都使用 2.4 GHz 无线通信模块，对应遥控器会配置一个接收机，其使用的就是 2.4 GHz ISM 频段无线协议的一种，不同于 WiFi、蓝牙等协议，该遥控协议就称为 2.4 GHz 无线通信协议（2.4 GHz RF Transceiver/Receiver Module），可以实现开机自动扫频功能，共有 50 个工作信道。遥控发射机和接收机需要配对使用。图 3.24、图 3.25 所示为无人机驾驶员经常使用的 Futaba T14SG 遥控发射机和 R7008SB 接收机。由于使用的收发芯片及协议可能不一样，不同厂商的产品一般不能够兼容，因此将不同品牌的发射机和接收机组合在一起使用时，一定要注意二者是否兼容，否则将带来不可预料的后果。

图 3.24　遥控发射机

图 3.25　接收机

通用遥控发射机由各种操纵杆电路、开关电路、射频集成电路组成，如图 3.26 所示。这 3 部分电路基本可以将无人机驾驶员操纵无人机操纵杆（或开关）的动作通过高精度电位器转化成电信号，编码打包后加载在高频的无线电波上，由天线发送出去。为了增加通信的可靠性，遥控发射机可以在不同频段发送数据。

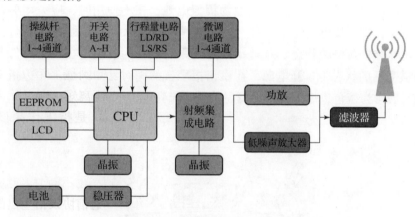

图 3.26　通用遥控发射机的组成

接收机可分成接收电路、解码电路等，如图 3.27 所示。从接收电路输出的低频信号通过解码电路就能分别独立地提取由发射机发出的操纵动作信息。接收机接收到数据后，将数据传输给无人机的核心飞行控制器，或直接传输给解码电路。解码电路先对接收到的数据进行解码，再传输给机械动力单元，用来控制无人机的运动。常见的输出信号类型有脉宽调制（PWM）信号、脉位调制（PPM）信号和 S－BUS 信号、X－BUS 信号等。随着技术的发展，目前大部分接收机都能同时输出这几种信号，给无人机控制提供更多的选择。

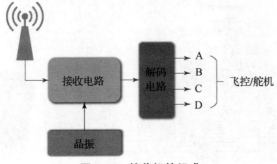

图 3.27　接收机的组成

3.6.3　遥控设备的使用及注意事项

3.6.3.1　发射机

在此以 Futaba T14SG 遥控发射机为例进行介绍，其面板如图 3.28 所示。遥控发射机的电源开关位于遥控面板的中央，上下拨动即可打开或关闭遥控发射机的电源。遥控发射机的电池为镍氢电池，在不使用时，应关闭遥控发射机电源，以延长电池使用寿命。遥控发射机的商标上方有两个 LED 灯，用于显示遥控发射机的状态。左边指示灯使用时通常为红色，在任意条件开关 FUN 被激活的状态下打开电源，在发出报警音的同时红灯闪烁；右边指示灯使用时通常为蓝色，熄灭表示无发射信号，长亮则表示正在发射信号。

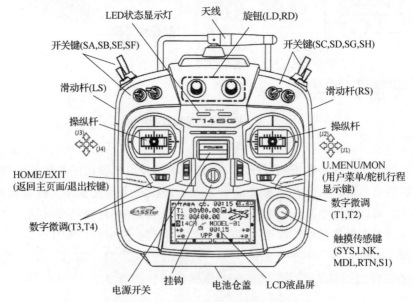

图 3.28　Futaba T14SG 遥控发射机面板

每一个操纵杆下方分别有 1 组微调开关，分别为 T4、T3、T2 和 T1，如图 3.29 所示。

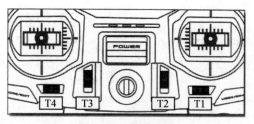

图 3.29 微调开关

每触动一次微调开关，对应的微调位置就会按照固定的跨度移动。如果持续按住微调开关，则微调位置的移动速度会加快。微调开关在中立位置时，提示音会发生变化。微调位置在液晶屏的主页面上以图形表示。在关联菜单（linkage menu）的 T1 ~ T4 设定页面中，可对微调的跨度、显示单位等进行变更。

左侧微调开关旁边为【HOME/EXIT】键，如图 3.30 所示。按一下，系统返回上一级；长按，返回主界面；在主界面上按一下，则进入遥测画面；在主界面上长按，则锁定或解锁。右侧微调开关旁边为【U.MENU/MON】键，按一下为舵机显示画面，长按为用户菜单画面。

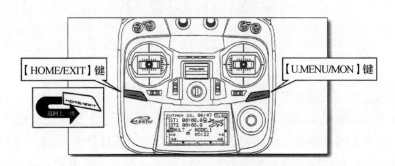

图 3.30 HOME/EXIT 键

触摸传感键上有系统键（SYS）、关联键（LNK）、模式键（MDL）、确认键（RTN）、翻页键（S1），如图 3.31 所示。通过在触摸传感键上左右滑动进行操作，可以在菜单页面和设定页面中各项目之间进行切换和设置，数据输入时，通过在触摸传感键（图 3.31）上左右滑动操作可以进行数值的输入和模式的选择等。

LD 和 RD 为模拟输入旋钮式开关，如图 3.32 所示。在打开电源前，注意确认各旋钮的操作位置。当旋钮转动到中立位置时，发射机会发出确认音。

图 3.31　触摸传感键

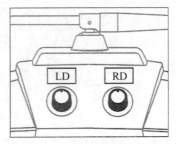

图 3.32　模拟输入旋钮式开关

LS 和 RS 为滑动控制杆，如图 3.33 所示，为模拟输入式。机身面向操作者，食指操作为最佳操作方式。在打开电源之前，应确认滑动控制杆的操作位置。当滑动控制杆操作到中立位置时，发射机会发出确认音。

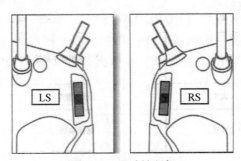

图 3.33　滑动控制杆

Futaba T14SG 提供了 7 个自锁定短杆（或长杆）开关，以及 1 个自复位长杆开关，如图 3.34 所示，其中 SA、SD、SE 和 SG 为 3 挡自锁定短杆开关，SB 和 SC 为 3 挡自锁定长杆开关，SF 为 2 挡自锁定长杆开关，SH 为 2 挡自复位长杆开关。自锁定类型开关可在各挡位停留，自复位类型开关拨动后则会自动复位。

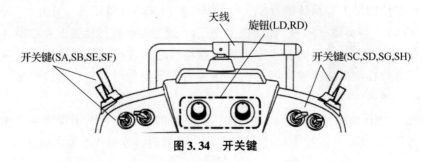

图 3.34　开关键

遥控发射机的最顶端为发射天线，如图 3.35 所示，发射天线在横向时信号强度最大。因此尽量不要让天线指向无人机方向进行操作。天线可进行旋转以调整角度，应配合操纵习惯调整天线的位置。天线的横向、纵向旋转角度均为 90°，不要超越此范围过度旋转，以免损坏。在飞行中，绝对不可手握天线，或将金属等导电物体接触天线，因为这样做会使信号输出衰减，进而无法操控无人机。

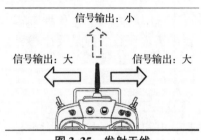

图 3.35　发射天线

3.6.3.2　接收机

1. 接收机与飞控的连接

在将接收机和飞控连接起来之前，应了解飞控的接口和接收机的接口。

1）接收机的接口

无人机首先要接收到驾驶员的操纵指令，然后将其传输给飞控或电调，以控制无人机的飞行。常用的 Futaba R7008SB 接收机如图 3.36 所示，右侧的 1~6 接口可输出 1~6 通道的控制信号，7/B 为输出 7 通道或者电源接口，8/SB 为输出 8 通道或者 S.BUS2 接口，S.BUS2 为 S.BUS2 远程遥测传感器的接口等。

Futaba R7008SB 接收机的 8 通道输出可以更改为 S.BUS2 输出。另外，1~8 通道的输出可以更改为 9~14 通道输出。当需要改变通道模式时，可以使用接收机附带的塑料便捷螺丝刀轻按图 3.37 所示的位置来完成。

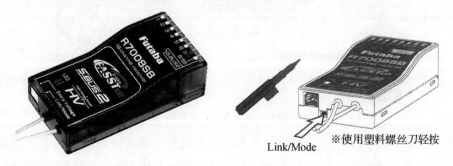

图 3.36　常用的 Futaba R7008SB 接收机　　**图 3.37　改变通道模式**

2）飞控的接口

根据机型或功能需要，可以选择不同厂家、不同品牌的无人机飞控。目前市面上的飞控产品大概分为两类。一类为闭源飞控，如国内主流的大疆、零度、极飞、华科尔、亚拓等品牌，这一类飞控实现了商业化，在技术上是保密的，提供的调整方式是目录式，不需要太多干预就能实现稳定的飞行。另一类为开源飞控，主要有 APM、PIXHAWK、MWC、KK 等品牌，由于采用开源模式，因此可以了解飞控的所有细节，在理解代码的前提下可以加入自己的想法。开源飞控很容易实现飞行，但是要想得到好的控制效果，需要细心、耐心地调试。

【闭源飞控实例】

大疆的 NAZA LITE 飞控由于性价比高、免调试，已成为很多驾驶员的首选，目前有多旋翼版本和直升机版本，接口大同小异，这里以多旋翼版本为例进行介绍。图 3.38 所示为 NAZA LITE 多旋翼飞控。左侧有 8 个接口，每个接口有 3 根插针，靠近缺口的针脚为信号脚，其次为正极、负极。根据不同的接收机，连接方式可能不同。一般来说，A 用来设置横滚，E 用来设置俯仰，T 用来设置油门，R 用来设置一个二位开关或通道作为控制模式开关，EXT 端口下的 U、X1、X2、X3 主要用来接 GPS 模块，右侧的 M1 ~ M6 可以根据需要连接多达 6 个电子调速器，而 F1 和 F2 可以根据需要连接云台的横滚和云台的俯仰。

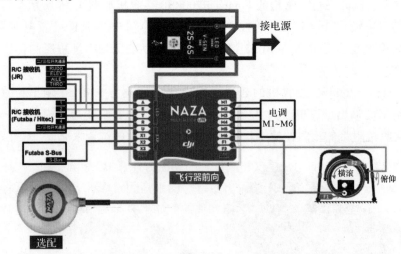

图 3.38　NAZA LITE 多旋翼飞控

对于 NAZA LITE 直升机飞控，不同接收机的连接方式可能不同。飞控接口中将 M1 ~ M6 换成 S1 ~ S4 以及 RUD 和 THR，其中 S1 ~ S4 为十字盘舵机，

RUD 为尾舵机，THR 为电调。

【开源飞控实例】

APM 作为开源飞控的代表，可应用于固定翼、直升机、多旋翼、地面车辆等，同时还可以搭配多款功能强大的地面控制站使用。APM2.8 飞控接口如图 3.39 所示。

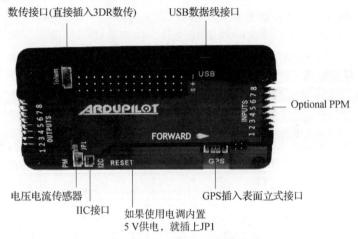

图 3.39　APM2.8 飞控接口

（1）APM 飞控上方有数传接口，可以直接插入 3DR 数传。其中，A0 ～ A8 为模拟接口，可依次连接超声波、空速计、电压传感器、电流传感器、光流传感器、扩展 LED 显示；A9 ～ A11 为 PWM 接口，可用于增稳云台输出；其余两个接口是飞控的主控 CPU ATMEGA2560 的 SPI 接口和 USB 接口。

（2）APM 飞控右侧为输入通道，包含输入通道 1 ～ 8。其中，输入通道 1 ～ 4 可设置为横滚、俯仰、油门和偏航功能通道，一般对应于接收机的 1 ～ 4 通道；输入通道 5 可设置为多旋翼的模式切换通道；输入通道 6 ～ 8 为自定义功能通道，如果是固定翼无人机，则通常将输入通道 8 设置为模式切换通道。

（3）APM 飞控下方从右到左依次为 GPS 接口、IIC 总线接口和电压电流传感器接口，其中和 GPS 接口相同位置的侧面为外置 IIC 罗盘接口。

（4）APM 飞控左侧为 8 路输出通道。如果是固定翼无人机，则可将输出通道 1 ～ 4 设置为横滚、俯仰、油门和偏航；如果是多旋翼无人机，则最多可输出 8 路通道。

了解接收机的接口和飞控的接口之后，对如何连接飞控和接收机就有了初步认识。不同型号的飞控和接收机，其连接方法大同小异。

2. 接收机的设置。

将无人机的接收机安装完成后，还需要进一步设置和调试。以 Futaba

R7008SB 接收机为例，其 8 路输出通道可以更改为 S. BUS 输出，输出通道 1~8 的输出可以更改为输出通道 9~14 的输出；如果不需要使用 S. BUS 系统，只使用以往的脉冲宽度调制输出的通道模式，则不需要更改任何设置，直接使用出厂设置的模式 A 即可，但是只能使用 8 路通道。如果需要使用更多通道，则需要使用 S. BUS 或者增加一台 Futaba R7008SB 接收机，并设定为模式 C(CH9~CH14)，如表 3.6 所示。

表 3.6　接收机通道模式

输出插槽	设定通道			
	模式 A： CH1~CH8	模式 B： CH1~CH7	模式 C： CH9~CH14	模式 D： CH9~CH14
1	1	1	9	9
2	2	2	10	10
3	3	3	11	11
4	4	4	12	12
5	5	5	13	13
6	6	6	14	14
7/B	7	7	—	—
8/SB	8	S. BUS	—	S. BUS

接收机通道模式的设置方法如下：

（1）按【Link/Mode】键的同时打开接收机电源。当 LED 指示灯显示为红绿灯同时闪烁时，松开，此时，LED 指示灯为红灯闪烁。

（2）每按一次【Link/Mode】开关按钮，接收机就会进入下一个模式。模式 A~模式 D 所对应的红色 LED 灯闪烁次数分别为 1 次、2 次、3 次、4 次。因此，可以通过红色 LED 灯的闪烁次数来判断当前模式。

（3）切换到所需的模式后，长按【Link/Mode】键（停留 2 s 以上）。LED 指示灯由红绿灯同时闪烁变为绿灯长亮时，表示模式更改完毕，可以松开键。

（4）通道模式更改完成后，需要先关闭接收机电源，再次打开设置才能生效。

3. 遥控发射机和接收机的对频

　　每台遥控发射机都有一个单独分配的专属 ID 码；在使用接收机之前，需要先读入遥控发射机的旧码，即通常说的对频。进行过一次对频操作后，遥控发射机的旧码就会被接收机存储，下次使用时无须再进行对频操作。如果接收机又与其他遥控发射机对频，则下次使用原遥控发射机时需要再次进行对频操作。

　　下面以 T14SG 遥控发射机和 Futaba R7008SB 接收机为例，介绍发射机与接收机的连接操作。

　　（1）将遥控发射机和接收机的距离保持在 50 cm 以内，并打开遥控发射机电源。

　　（2）双击触摸传感键"LINK"并选择"SYSTEM"，然后按下【RTN】键，在关联菜单（LINKAGE MENU）下打开系统（SYSTEM）界面，如图 3.40 所示。

　　（3）在 FASSTest‑14CH 之后选择使用的接收机数量。如果使用一个接收机，则选择"SINGLE"；如果要使用两个接收机，则选择"DUAL"。选择"DUAL"时，需要和两个接收机对频，先进行主接收机对频，再进行副接收机对频，如图 3.41 所示。

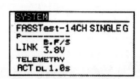

图 3.40　打开系统界面

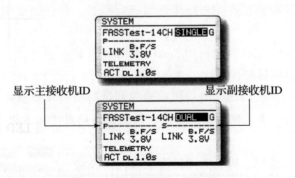

图 3.41　单双接收机对频界面

　　（4）电池失控保护的初期设定值为 BV，可以通过 B. F/S 对预设电压进行更改（仅限 FASSTest 模式）。

　　（5）滑动触摸传感键，选择"LINK"并按下【RTN】键，遥控发射机会发出"嘀嘀"声，表示已经进入对频模式。

　　（6）进入对频模式后，应立刻打开接收机电源，如图 3.42 所示。

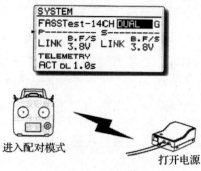

进入配对模式　　打开电源

图 3.42　对频模式

（7）接收机电源打开后约 2 s，接收机进入等待对频状态。

（8）接收机的 LED 指示灯从闪烁到绿灯长亮（图 3.43），表示对频完成。

配对完成　　绿灯长亮

图 3.43　对频完成

4. 遥控发射机和接收机的测试

在正式使用遥控发射机和接收机对无人机进行飞行操纵之前，务必对遥控连接有效性、操纵有效性和操作范围进行测试，并在地面确认各部分都能正常工作。

下面以 T14SG 遥控发射机和 Futaba R7008SB 接收机为例，介绍遥控发射机和接收机地面测试操作方法。

（1）进行发动机启动、电动机旋转等测试时，一定要事先确保即使发生意外的高速旋转，无人机也能保持固定状态，避免发生无人机飞出或旋翼/螺旋桨伤人等事故。

（2）关闭发动机，拔下电动机连接线，在无动力状态下打开接收机电源。

（3）按下遥控发射机的【RTN】键的同时，打开遥控发射机电源，遥控发射机屏幕会显示"POWER MODE"界面。选择"RANGE CHECK"（测距）模式后按下【RTN】键，如图 3.44 所示，在测距模式下，高频头输出信号时，遥控发射机会发出提示音，同时右侧的 LED 灯双闪。

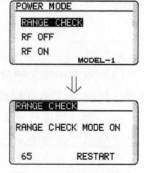

图 3.44　进入测距模式

（4）在离无人机约 30 m 的位置进行拨动操纵杆的操作。在操作过程中，相关工作人员确认无人机的所有操作是否完全正确。

（5）确认所有操作正常后，固定无人机。使油门操纵杆处于最低位置，启动发动机或电动机，改变油门大小使发动机转速变化；继续进行距离测试，拨动各操纵杆，测试操作的有效性。

注意：测试直升机时，应先将旋翼拆下再进行测试。

遥控发射机和接收机是无人机最直接的指挥设备，无人机驾驶员的操纵指令大多通过遥控发射机和接收机传送给无人机，所以非常有必要熟练掌握遥控发射机和接收机的使用方法。虽然不同的遥控发射机和接收机在性能、使用方法上有所不同，但其基本原理和操纵方法相似。对于新的遥控发射机和接收机，要熟读使用手册，只有完全掌握其使用方法，才可以操纵无人机，切忌鲁莽起飞，以免造成不可估量的危害。

3.6.4　遥控设备的使用流程

遥控设备的使用流程如下：

（1）按说明书连接电路。

（2）将操纵杆（尤其是油门操纵杆）处于中立位置，发射机各微调处于中立位置。

（3）将发射机和接收机天线拉直（室内调试时，可以不拉发射机天线）。

（4）打开遥控设备的电源开关。

（5）连接舵面连杆系统，各舵面都要处于中立位置，并试验舵机摇臂的运动是否正常。

（6）当发现舵面操纵方向相反时，可以将通道的反向开关扳向另一端。

（7）设备使用完毕后，按顺序关机并收回发射机天线。

3.6.5　遥控设备使用中的注意事项

1. 遥控设备的使用电压

遥控设备的使用电压直接影响无人机模型的飞行安全。如果遥控设备电压低于安全标准，无人机模型就会失去控制，而且失控的无人机模型不知会飞向何方，对建筑物及人群都会产生危险，所以一定要严查遥控设备的电压。

各种遥控设备的使用电压不完全一样，因此电压的最低标准也不相同，大多数遥控设备的使用电压：发射机为 9.6~12 V；接收机为 4.8~6 V。一般情况下，发射机电压低于 8.5 V 时会发出警告，通常采取两种方法：简单的发射机会用电压表提醒，当电压表指针由绿色区域跌入红色区域时（警告区），需要立刻降落无人机，更换新电池或给电池充电；高级发射机不仅会显示电压数字，还会通过声音报警，此时需要立即更换电池。接收机的正常工作电压为 4.8~6 V，大部分遥控设备的接收机没有报警装置，因此更需要注意随时检查接收机电压。一般飞行三四个起落以后，采用"拉距离"的方法来检查。如果在 10 m 以内遥控设备工作不正常，则应马上更换接收机电池或充电；如果遥控设备在 10 m 以上的距离还能正常工作，那么还可以继续飞行，不过后面的飞行应该更加频繁地检查接收机电压。此外，还可以使用接收机电压警示灯，随时监测接收机电压，十分方便。

不管使用哪种方法，均要在无人机降落后不关电源的情况下，并且在操纵所有舵面动作的情况下及时检查！这是因为，遥控设备在不操纵和在关机后，耗电量极少，电压会有所回升，因此这时监测接收机电压是不准确的，很容易被"浮电压"的假象所蒙蔽。

通常在经过几次外场飞行后，飞手会积累一定的经验，从而掌握该无人机的连续飞行时间。目前有些遥控设备采用了双向传输功能，可随时通过发射机检测接收机的电压，为安全使用提供了便利。

2. 发射机天线的使用

发射机天线一般采用可收缩的鞭状天线（图 3.45），要轻轻从顶端开始逐节拉出，不可抓住第一节用力向外拉扯，收回时也要按原顺序逐节收回。由于天线四周的方向是电磁波最强的区域，因此发射机天线不应指向无人机模型飞行的方向，而应尽量和飞机保持较大的夹角（通常不超过 90°）。

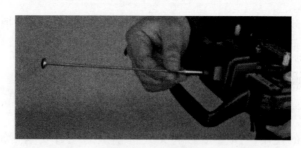

图 3.45　鞭状天线

3. 遥控设备开关的顺序

打开顺序：先打开发射机电源开关，再打开接收机电源开关。关闭顺序：先关闭接收机电源开关，再关闭发射机电源开关。这样做的目的是防止接收机先被单独开通，受到外界信号干扰发生错误动作而造成危险！

4. 接收机的减振处理

为了减小发动机给接收机带来的振动，可将接收机用海绵包裹（图 3.46）后塞入机舱，一般安置在电源后部不影响舵机工作的位置。

5. 接收机天线的固定

接收机天线应从机身内部引出，用橡筋软固定在机身末端（图 3.47（a））或垂直尾翼（图 3.47（b）），并将其拉直。如果是 2.4 GHz 接收机，则尽量将两条天线呈 90°固定（图 3.48），以保证电波的接收强度。

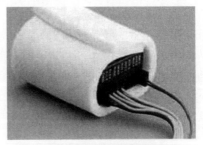

图 3.46　接收机减振

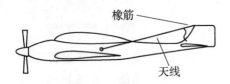

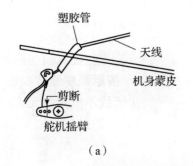

（a）

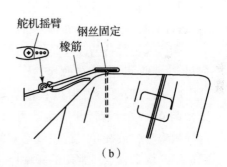

（b）

图 3.47　接收机天线固定

（a）机身末端固定；（b）垂直尾翼固定

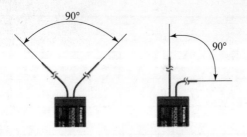

图 3.48　2.4 GHz 接收机天线垂直固定

6. 遥控设备的频率

大部分遥控设备由石英晶体决定频率，发射机上的石英晶体用 Tx 表示，接收机上的石英晶体用 Rx 表示，拔下晶体盖可见晶体的频率数字（图 3.49），二者不能互换。

遥控设备的频率单位一般用 MHz，数值小数点前面的称为频段，小数点后面的代表此频段中的频点，如图 3.50 所示。我国用于遥控无人机模型的频率主要是 40 MHz、72 MHz 频段，频点只局限于在频段内更换。

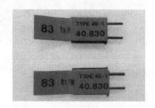

图 3.49　遥控设备的石英晶体

40.830 MHz

频段　　频点　　频率单位

图 3.50　频率

每台遥控设备都有一个发射频率，不同频率的遥控设备在一起同时工作不会互相干扰，但相同频率的设备同时工作会互相干扰，因此严禁频率相同的设备同时开机操作，外场飞行时一定要统计安排好频率的使用。

有些遥控设备的频率是可变的，在发射机和接收机上都有改变频率的旋钮（图 3.51），只要将发射机和接收机频率序号调节一致，重新开机后就可以使用。选择频率时，最好和飞行现场已知的所用频率错开两个频点。常用的频率序号如表 3.7 所示。

图 3.51　改变频率的旋钮

表 3.7　常用的频率序号

频率序号	频率/MHz	频率序号	频率/MHz
11	72.010	36	72.510
12	72.030	37	72.530
13	72.050	38	72.550
14	72.070	39	72.570
15	72.090	40	72.590

频率序号	频率/MHz	频率序号	频率/MHz
16	72.110	41	72.610
17	72.130	42	72.630
18	72.150	43	72.650
19	72.170	44	72.670
20	72.190	45	72.690
21	72.210	46	72.710
22	72.230	47	72.730
23	72.250	48	72.750
24	72.270	49	72.770
25	72.290	50	72.790
26	72.310	51	72.810
27	72.330	52	72.830
28	72.350	53	72.850
29	72.370	54	72.870
30	72.390	55	72.890
31	72.410	56	72.910
32	72.430	57	72.930
33	72.450	58	72.950
34	72.470	59	72.970
35	72.490	60	72.990

目前，遥控设备的市场增加了 2.4 GHz 设备，能很好地解决同频的问题，在同一飞行场地使用 2.4 GHz 设备可以互不干扰。

7. 遥控设备的发射方式

使用晶体的遥控设备有多种方式发射电波信号，常见的有 AM（调幅）和 FM（调频），其中 FM 又包括 PPM（脉冲位置调制）和 PCM（脉冲编码调制）两种，如图 3.52 所示。PCM 的抗干扰能力强，一般用于高级遥控设备；通常 FM/PPM 制式已经够用，并且价格也相对便宜。2.4 GHz 发射机可以发射高速模式信号和低速模式信号，在高速模式下最好使用数字舵机，在低速模式可以使用模拟舵机。

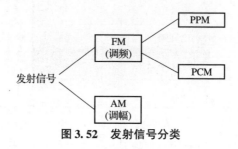

图 3.52　发射信号分类

8. 通道用途的安排

发射机操纵杆功能排序决定着每个通道舵机的作用，一般无人机具有 4 项基本功能就可以实现常规姿态的控制。发射机的两个主操纵杆都是万向型操纵杆，每个操纵杆可以对两个通道进行控制。操纵杆通道的安排如图 3.53 所示。接收机插口对应的通道有的用数字来标识（如 Futaba 设备，图 3.54），有的用英文单词来标识（如 JR 设备，图 3.55）。

图 3.53　操纵杆的通道安排

图 3.54　用数字标识接收机插口

图 3.55　用英文单词标识接收机插口

9. 操纵杆弹力大小的调节

操纵杆的弹力大小是可以调节的，将发射机后盖拆下来，用螺丝刀调节 4 个用于控制弹力大小的螺钉即可，如图 3.56 所示。建议初学者将操纵杆的弹力大小调整为中等偏大。操纵杆的长度也可以调节，如图 3.57 所示。

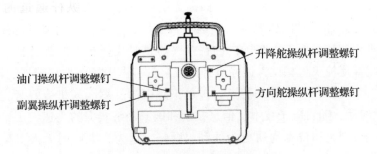

图 3.56　操纵杆调整螺钉分布

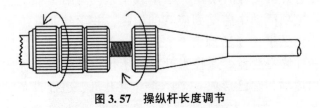

图 3.57　操纵杆长度调节

第4章
遥控直升机的装配与训练

4.1 概　述

　　无线电遥控模型直升机（国际航空联合会代号为 F3C，简称"遥控直升机"）在航空模型中是一枝新秀，该项目开展于 20 世纪 70 年代初，于 1987 年被国际航空联合会正式列为世界锦标赛项目。我国于 1988 年将遥控直升机正式列为全国锦标赛的比赛项目。该项目制作、组装、调试和飞行具有较高的飞行理论和技术要求，在国内的普及（特别是飞行技术的普及）较慢。与常规固定翼遥控飞机相比，遥控直升机飞行具有占用场地小和较强的趣味性、知识性、观赏性和挑战性的特点，被越来越多的旋翼无人机爱好者青睐。进入 21 世纪后，随着电子技术、信息技术和国家经济实力的飞速发展，遥控直升机的飞行理论和技术沟通更为便利、顺畅，这为广大旋翼无人机爱好者的学习和提高起到了非常关键的作用。

　　从事遥控直升机飞行活动是一个寓教于乐、陶冶情操、享受学习的过程。许多人从这项活动中感受到应有的乐趣，并学到非常丰富的综合知识和技能；青少年从事这项活动将会在智力、创新、意志、品质和技能等方面得到提高，并终身受益。遥控直升机已不仅仅是爱好者休闲、学习的方式，作为一项运动，它已形成一个产业（直升机、遥控设备、发动机等器材的生产、服务），为广大爱好者服务。在国防、科研领域，其已被广泛用于防空模拟训练的靶机飞行、新直升机机型的试验和验证等；在影视业，其已被广泛应用于航空摄影、拍摄；在工业建设方面，空中架线、探矿也展现出广阔的前景。

　　随着科学技术的快速发展，遥控直升机技术的进步日新月异，种类也不断增多，有传统的遥控内燃机直升机、花样繁多的遥控电动直升机和新型的遥控喷气直升机。

1. 遥控内燃机直升机

顾名思义，遥控内燃机直升机是以活塞式发动机为动力的遥控直升机，多数爱好者将其称为油动直升机——使用燃油的直升机。这种遥控直升机通常以发动机工作容积的大小来确定其机型级别的大小，如 30 级、50 级、60 级、90 级等。由于遥控直升机是通过高速运行的发动机来带动旋翼运转，受其结构要求精细、基本构造繁杂、自身重量大和发动机功率输出的局限，不适合工作容积过小的机型。因此，常见的小级别机型是发动机工作容积为 5 mL 的遥控直升机，简称"30 级"，该级别遥控直升机具有结构较简单、成本低、发动机功率较小、油耗低等特点，较为适合初学者学习飞行使用。

2. 遥控电动直升机

遥控电动直升机是以电能（电池组）为动力源来实现飞行的机型。遥控电动直升机省去了内燃机动力系统的油料、发动机和消声器等部件，飞行中最主要的特点是噪声低，操作、维护简便，飞行过程中洁净、快捷。随着近年来电子技术的飞速发展，已基本解决了动力源（电池组）输出能量低、单位质量大和电动机能量转换率低这两大"瓶颈"问题，使遥控电动直升机向着更为经济、便捷、实用的方向发展。也正是遥控电动直升机的动力系统（电动机、动力电池组）具有小型化、超小型化的特点，可以与遥控内燃机直升机相媲美，还实现了向小型化、微型化的发展。

3. 遥控喷气直升机

遥控喷气直升机是以涡轮增压喷气发动机为动力源，带动直升机旋翼转动来实现飞行的直升机。近年来，随着模型用涡轮增压喷气发动机（微型）生产、应用技术的不断成熟，以这种喷气发动机为动力用于遥控直升机的设想已经实现。但该发动机结构复杂，飞行操作工序烦琐，且功率输出与单位质量比较小，尚未能广泛应用。

4.2　系统结构组成

遥控直升机因其产生升力的特殊形式，其结构和操纵方式较其他飞行器更为复杂。为便于对遥控直升机的了解，本节就遥控直升机的旋翼、机身、动力系统等分别介绍。

4.2.1　旋翼与尾桨

遥控直升机的旋翼如同飞机的机翼，是直升机产生升力、维持飞行的保障和主要部件。传统旋翼布局的直升机为了克服旋翼旋转时产生的反作用力，必须在机身尾端加装一副小旋翼——尾桨。

1. 旋翼

随着遥控直升机的发展和对飞行功能的不同需求，旋翼剖面形状（翼型）也在发生改变。一般而言，结构简单的微型遥控直升机只有正飞、转弯等常态运动的一种飞行姿态，为增加旋翼升力，通常选用凹凸翼型的旋翼，如图4.1 所示。早期的遥控直升机或用于专门用途（航拍、遥测等）的旋翼无人机，因需要发挥旋翼的最大升力系数和升力，其旋翼通常选择平凸翼型或双凸翼型。近年来，随着中高水平爱好者对特技飞行的需求和遥控直升机比赛难度的不断提高，倒飞等动作越来越多，为了适应直升机进行特技、花式（3D）飞行的需求，现在的旋翼均为对称翼型。从几何形状分析，旋翼的几何形状以矩形居多，近来年来也有梯形旋翼（桨根部翼弦较宽、桨尖部翼弦变窄）问世。与相同直径的旋翼相比，梯形旋翼有如下优点：桨根部翼弦加大后，旋翼的强度增大、抗扭（变形）性能高，旋翼根部旋转速度低，产生的阻力矩小，对发动机形成的负荷小；桨尖部翼弦减小后，尖部旋转速度高，产生的阻力矩会明显减小，对发动机造成的负荷降低；特别是在直升机做剧烈特技动作飞行时，能明显改善旋翼的效能。

图 4.1　一副旋翼

旋翼翼尖的几何形状对减小旋翼翼尖的诱导阻力、改善旋翼效能非常重要。一般而言，矩形翼尖产生的诱导阻力最大，半圆翼尖（或小梯形翼尖）次之，反箭翼尖（或小梯形加反箭翼尖）产生的诱导阻力最小。从旋翼制作的材质上，目前旋翼大致可分为四大类：木质（同一质地或复合木质）旋翼、塑料旋翼、玻璃纤维（或玻纤/碳纤混合型）旋翼、碳纤维旋翼。从安全角度考虑，在遥控直升机运动中禁止使用金属材质的旋翼。

2. 尾桨

尾桨以对称翼型为主，如图4.2 所示。在早期遥控直升机上多选用木质尾桨。随着塑料加工技术的广泛应用，如今绝大多数直升机原装尾桨由塑料加工而成。一些升级品牌则提供刚性更好的玻璃纤维尾桨或碳纤维尾桨。对

于初学者或一般的飞行任务，选用原厂配备
的塑料尾桨就足以保证其飞行要求；在剧烈
的特技飞行中，选用刚性更好的碳纤维尾桨
对保证和提高尾桨的舵面效应很有必要。从
尾桨的阻力矩方面考虑，与旋翼的理论基本
相同，即尾桨桨尖部位的形状最好选择能够
减小诱导阻力的外形，这对减小发动机的工
作负荷、提高旋翼效率非常有利。

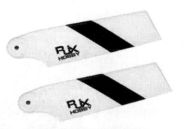

图 4.2　一副尾桨

4.2.2　机身

遥控直升机机身的主要功能是将直升机的接收机、伺服电动机（舵机）、
动力系统、传动机构、旋翼、尾桨、起落架和整流罩等主要功能部件连接、
稳固和保护，以期达到最稳定地发挥各功能部件功能的作用。由于直升机在
飞行中必须承受较高的载荷，机身都选用聚碳酸酯工程塑料、铝合金板、碳
纤维板或金属与纤维复合材料等相对强度较高的材质加工制作，如图 4.3
所示。

图 4.3　机身

4.2.3　操纵系统

遥控直升机的操纵系统原理与其他飞机类遥控系统的原理基本相同，以
下就遥控直升机独有的操纵特点做简要介绍。

1. 遥控器（发射机）

遥控直升机体现在遥控器上的操纵方式与常规飞机的不同点是：右手

的油门操纵杆（目前国内流行的操纵手法多为亚洲流派，欧美流派的操纵手法的油门操纵杆是在左手上，专门控制直升机的垂直起飞和降落）同时控制发动机的油门大小和旋翼角度的改变。一般油门大小和旋翼角度的改变需要用其对应的操纵通道混合控制的，而常规飞机只需要控制飞行速度的快、慢，如图4.4所示。

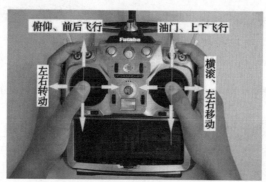

图4.4　亚洲流派操纵杆的功能

　　右手的副翼操纵杆（欧美流派相同）在直升机上，虽然一个通道只控制一个舵机，但有两个控制概念：一是控制直升机的横侧姿态（左、右横滚飞行）；二是控制直升机的左、右横侧移动飞行。常规飞机的副翼舵杆只控制其左、右滚转姿态的改变。

　　左手的升降舵操纵杆（欧美流派在右手上）在直升机上，也是由一个通道只控制一个舵机，同样也是两个概念：一是改变直升机的俯仰姿态（做内筋斗、外筋斗等俯仰翻滚动作）；二是控制直升机前进、后退、高速、低速和悬停（在空中静止不动）的飞行。常规飞机的升降舵杆只能控制其俯仰姿态的改变。

　　左手的方向舵操纵杆（欧美流派相同）在直升机上是由一个或两个通道通过陀螺仪控制一个舵机，完成预定的左、右转动的指令。常规飞机的副翼舵杆只控制其左、右滚转姿态的改变。遥控直升机发射机的最低配置应具备5个通道的功能：油门、旋翼螺距（与油门混控）、副翼、升降、方向。根据飞行功能的不同，对发射机通道和功能的需求会随之增加。例如，直升机在静态动作飞行时需要有较好的稳定性，在特技飞行时需要有较好的操纵性。稳定性和操纵性互为矛盾，而在飞行有倒飞等剧烈的特技动作时需要更灵活的操纵性，这就需要遥控器具备更多的操纵通道、模式切换、混控等，支持直升机不仅能向前高速飞行，还具备飞机无法完成的悬停，垂直上升、下降飞行，后退飞行，绕自身纵轴左、右旋转（自转）飞行，向左或向右侧移等立体飞行能力。运动时旋翼衍生的陀螺力矩（产生负面影响）等确定了其不同于常规飞机的操作方式和飞行思路。

2. 接收机

发射机发出信号后，由安装在直升机上的接收机将信号接收后转换为执行命令，如图 4.5 所示。接收机将无线电波信号转换为电脉冲信号，传送到直升机的各个执行机构——舵机。根据对直升机配置的需要，一般接收机至少有 5 个通道。如果要对飞行状态下直升机方向陀螺

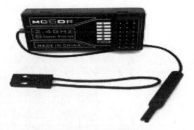

图 4.5　接收机

仪的灵敏度（感度）进行控制，对发动机油门的贫、富（供油量）进行调整，增加收、放起落架功能，以及在飞行中完成一些特定的任务，则需要使用有更多通道的接收机。遥控直升机大都使用以甲醇为燃料的内燃机发动机，在工作中转数的波动范围较大，而转数的波动将直接影响直升机尾桨的工作效率，进而影响直升机方向姿态的改变。

3. 陀螺仪

为保证遥控直升机在飞行中的方向稳定，减小发动机转数变化对方向的影响，就需要对遥控直升机加装稳定方向的辅助机构——方向陀螺仪。早期的陀螺仪为机械式感应陀螺仪，如图 4.6 所示。随着电子技术的飞速发展，压电式感应陀螺仪以其耗电低、灵敏度高、反应快、性能稳定和方向锁定等优势，很快取代了机械式感应陀螺仪。

图 4.6　机械式感应陀螺仪

图 4.7 所示为 Futaba 公司的 GY520 压电式感应陀螺仪，图 4.8 所示为雷虎公司生产的三轴陀螺仪。由于 Futaba 和雷虎公司等国外公司早期生产的陀螺仪价格昂贵、功能单一，所以国内使用得非常少。国内生产的 Kbar 陀螺仪（图 4.9），由于其具有性能稳定、设置简单、功能全面、价格低廉等优势，受到广大用户的青睐。

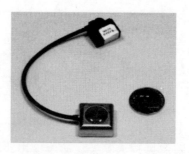

图 4.7　Futaba 公司的 GY520 压电式感应陀螺仪

图 4.8　雷虎公司生产的三轴陀螺仪

图 4.9　Kbar 陀螺仪

4.2.4　执行（伺服）机构

　　执行（伺服）机构用于将接收机发出的电脉冲信号通过电路、电动机、电位器、齿轮组和摇臂等转化为推动力，使直升机各舵面运动。在国内通常将这种执行机构称为舵机（即伺服电动机）。

　　根据舵机执行任务的要求不同，舵机的使用数量、性能也有所不同。例如，对于控制旋翼螺距、倾斜盘（十字盘）的舵机，要求输出力量大、精度高、反应速度快而稳定，如图 4.10 所示。对于使用在控制尾桨上的舵机，要求精度高、反应速度快、输出力量适中，如图 4.11 所示。在使用 CCPM 模式的倾斜盘时，舵机的性能指标越相近、稳定性和精度越高越好。

图 4.10　舵机

图 4.11　无刷尾舵

随着直升机发动机的输出功率越来越大，飞行动作越来越剧烈，对操纵杆、摇臂的要求也有所增大，双推拉连杆和摇臂的使用越来越普遍。当今电子技术的飞速发展，也为遥控直升机安全、顺畅地飞行提供了有力保障。

4.2.5　动力系统

随着变频电动机技术在超小型电动机上的应用，传统的电刷电动机被取代，旋翼无人机电动机的能量转换效率、功率输出实现了质的突破。在动力电源方面，锂聚合物电池技术不断发展、成熟，取代了传统的镍镉、镍氢充电电池（锂充电电池的单位质量与能量比远远高于其他充电电池）。以电池为动力源的遥控直升机与以内燃机为动力源的主要区别就在于动力系统。遥控电动直升机由电动机、动力电池和电子调速器（俗称电变）组成了电动力系统，省去了以内燃机为动力的发动机、油箱、油门舵机和冷却系统。

4.3　组装流程

要想较好地掌握遥控直升机的飞行技能，不仅要掌握直升机的基本飞行原理和飞行技能，还要能正确组装直升机。

4.3.1　装配工具

遥控直升机由各个加工精密的零部件组装而成，常用的装配工具有螺丝刀（十字、一字、内六角（1.5 mm、2.0 mm、2.5 mm、3.0 mm））、螺丝胶（中型）、老虎钳、尖嘴钳、镊子、镊子、电显、电胶带、螺距尺、斜口剪、剥线钳、转速表、润滑油，如图 4.12 所示。

图 4.12　常用的装配工具

1. 内六角螺丝刀

内六角螺丝刀（图4.13）是最常用的装配工具，最好多备几种不同粗细的螺丝刀，以应对不同规格的螺钉。不要用太粗的螺丝刀去拧小螺钉，也不要用小螺丝刀拧过大的螺钉，这样都会使螺丝"滑牙"，即损坏了螺丝刀的牙口却无法将螺钉拧下来。

图4.13　内六角螺丝刀

2. 螺丝胶

螺丝胶（图4.14）俗称防松胶，是一种黏结强度较小但有固定固着力的厌氧胶。对于某些振动较大的部位的螺钉（如发动机螺钉），由于长时间振动或者螺钉没有拧紧，很容易在飞行中脱落，造成危险，因此在重要的位置可以适当涂抹螺丝胶起到加固作用，但不要涂抹过多。需要特别注意，螺丝胶对某些塑料材料有腐蚀性！

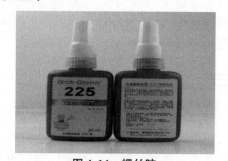

图4.14　螺丝胶

3. 电显

电显（图4.15）是专为锂聚合物电池设计的，可以解决锂电使用后不平衡的问题，可以随时监测电池各片的电压情况，有放电保护功能，并能起到平衡各片电压的功能，可以精确测量电池总体电压和单体电压、对多片串联电池执行平衡操作，还可以对电池进行放电，以利于长时间存放，避免电池损坏。

图4.15　电显

一般测量锂电池电压时，单片4.20 V为满电，低于3.80 V就需要充电了。

4. 螺距尺

螺距尺是专门用于测量旋翼螺距的工具，如图4.16所示。使用时，将螺距尺的夹子夹在旋翼的上下表面，尺子刻度的中立点对准旋翼中心，然后用发射机操纵最大行程，根据舵面中心到螺距尺刻度的位置，便可知旋翼的螺距。

图 4.16　螺距尺

5. 转速表

转速表是用来测量旋翼转速的仪表，如图 4.17 所示。使用时，打开转速表的开关，将转速表的监测端口对准旋转的旋翼的一边，此时可以从液晶显示器上读取旋翼的转速。有的转速表液晶显示器显示的数字位数少，需要按要求乘以一定的倍数才能计算出准确的转速。

图 4.17　转速表

4.3.2　认真阅读产品说明书

每个品牌的遥控直升机都有其自身的特点。当使用一架新款遥控直升机前，必须认真阅读产品说明书。如果新购置的直升机产品提供的是外文说明书，而自己又看不懂，则最好请经验丰富者提供帮助，以免在关键装配工序上出现偏差而导致后期发生严重失误。

4.3.3　直升机的组装步骤

目前，遥控直升机的品牌、种类繁多，各厂家的产品也都有各自的特点，即便是同一厂家的产品也会有适合初学者的机型、竞赛机型和花式（3D）等机型，但在一些关键部位的组装要求是一致的，且不容忽略。

1. 机体组装

目前，遥控直升机的机体结构大致可分为两大类：一类是由聚碳酸酯等高强度塑料通过多块模具注塑成形，如图 4.18、图 4.19 所示；另一类是由多块高强度纤维板（玻璃纤维板、碳纤维板）或金属板组合而成，如图 4.20 所示。

图 4.18　塑料材质机体

图 4.19　增强塑料机体

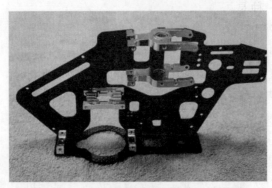

图 4.20　以金属和碳纤维材料为主的机体

(1) 由高强度塑料组成的机身在组装前应当特别注意，需要对加工的毛边或过于锋利的边角进行钝化打磨处理，以免模型在长期的飞行、维护中出现割伤管、线或其他物品的不良后果。紧固机体螺钉时，应注意左右两端用力均衡。

(2) 组装以纤维板、金属板组成的直升机机身时，必须注意各个螺钉的紧固顺序和力度，切记不能使机体左右侧板发生扭曲变形。对此，初次组装直升机的爱好者应格外注意。必要时，应在专用平台上对机体进行校正，也可找小块玻璃砖或天然大理石（不可使用人工烧制瓷砖）做简易平台。

(3) 螺钉紧固措施非常重要。由于遥控直升机的发动机必须紧固（硬固定）在机体中央部位，因此发动机的高频振动几乎完全传递给机体。直升机机体的组合、各部件的组合大多靠螺钉来紧固，由于塑胶板具有一定的韧性，因此紧固机体的自攻螺钉不易松动，但纤维板和金属板的机体采用螺钉来紧固，在发动机的振动下极易松脱。防止螺钉松动的方法之一是采用自锁螺母的螺钉，可免除自行松脱的烦恼；方法之二是在一些不能安装自锁螺母的紧固螺钉上采取加装紧固胶的方法紧固。常用的紧固胶有专用螺钉胶，但由于螺钉胶适用于各种常规型号的螺钉，因此旋翼无人机用的小型螺钉（M2、M3 螺钉）常常会被永久性地"紧固"。在长期活动中发现，用 704 密封硅胶来代替螺钉胶，对紧固 M2、M3 等细小螺钉的效果非常好。704 硅胶还有一大优点，就是耐高温。在发动机与消声器结合处涂抹少量的 704 硅胶不仅可解决漏油、发动机散热率低的难题，还可起到防止紧固螺钉松脱的作用。

(4) 起落架（脚架）的安装大致有两种：一种是脚架与机体直接紧固（多用于50 级以下的直升机），结构简单实用，如图 4.21 所示；另一种是脚架与机体之间由避振胶垫隔离（多用于 60 级以上的直升机），减少机体振动效应，有利于直升机的稳定。

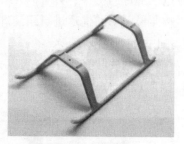

注意：脚架安装好后，不要忘记在滑橇上加装胶垫，这既可延长脚架的使用寿命，又可使直升机在起飞、着陆时更平稳。

图 4.21　起落架

2. 动力系统组装

遥控直升机的动力系统包括以活塞式发动机、涡轮喷气发动机和电动机为动力源。涡轮喷气发动机在直升机上应用得较少，故在此不做详细介绍。

1）活塞式发动机

在组装以活塞式发动机（通常内燃机或汽油机）为动力的遥控直升机时，应着重注意发动机的振动问题，特别是 90 级遥控直升机。动力系统是整个遥控直升机的振动之源。动力系统组装的正确与否直接影响遥控直升机整体在飞行时的高频振动，如离合器在组装前要进行配平。这是发动机曲轴、活塞等部件在运转时产生的往复惯性运动所致。这种振动会直接影响到陀螺仪、舵机等高精密电子、机械部件的工作状态和使用寿命，也是当前遥控直升机航空摄像领域最致命的硬伤。有一些大品牌直升机生产厂商为此采取了一些避振结构，并起到了一定的效果。

2）电动机

选择无刷电动机时，需要关注几个主要参数。首先是电动机的级别和安装尺寸，其次要看电动机的工作电压、最大持续电流，均要符合直升机的要求。另一个重要参数就是电动机的 KV 值。KV 值是电动机在 1 V 电压下工作时的转速。因此，根据电池电压、齿轮比、KV 值可以计算出直升机旋翼的转速。这些参数及要求都会在模型直升机的说明书中明确给出，按照说明书的要求进行选择即可。在组装以电动机为动力的直升机时，需要注意电动机齿和大齿盘的配合，其间需要涂抹润滑油。

3．接收、伺服（舵机）系统

各种品牌、型号的直升机都预留有接收、伺服（舵机）系统的安装位置。各品牌的直升机在研制、调试过程中都会考虑各遥控器厂家的舵机、接收机等电子部件的特性，并在说明书中提示舵机等部件的安装方法、位置，爱好者按照说明书的提示进行组装即可。

1）舵机的安装

舵机的安装必须采取避振措施，安装舵机座避振胶垫，如图 4.22、图 4.23 所示。

图 4.22　侧板留有舵机安装位

图 4. 23　舵机通过避振胶垫与机身连接

2）舵机摇臂的长度

舵机摇臂的长度须按说明书的要求确定，不宜过短或过长。摇臂过长则不仅会增加舵机转动负担，还会导致直升机操纵过于灵活，不利于初学者掌握；过短则会使各舵面效应太迟钝，并影响旋翼螺距参数的准确设定。

3）舵机摇臂的类型

舵机摇臂有十字、圆形、六角等类型，如图 4.24 所示。在设备中立状态，可通过不同位置的摇臂确定中立点，如图 4.25 所示。在选定所需的摇臂后，可将多余的摇臂去除，以免在日后飞行时多余的摇臂导致的麻烦。

图 4. 24　舵机摇臂

图 4. 25　舵机摇臂安装在舵机中立点上

4）陀螺和方向舵机

陀螺、方向舵机应相互匹配。目前，市面上的陀螺仪对方向舵机均有较高的要求，多是配套的数字舵机。这种专用方向舵机的响应速度极快（普通舵机在 0.2 s 左右，专用方向舵机在 0.07 s 左右），所以在选择方向舵机时应特别留意，尽可能选用直升机方向舵专用舵机。

在安装时，应首先将方向舵机设定在中立点上，如图 4.26 所示；然后将尾桨双桨对合，为桨尖预留 10~15 mm 空隙，如图 4.27 所示。

图 4.26 尾舵机调整

图 4.27 舵机中立时，尾桨应有一定的夹角

5）调整发动机油门应注意的事项

（1）注意发动机油门与舵机的连接，应使舵机摇臂与发动机油门摇臂保持平行。

（2）舵机摇臂左右转动行程与发动机冲程相同，如果舵机摇臂行程小，则会出现发动机不能关车或不能发挥最大功率的现象；如果舵机摇臂行程大，则会出现舵机在发动机最大功率时"别劲"的现象。

（3）直升机的怠速非常重要。当前遥控器分为机械微调和电子微调两种。电子微调还需要专门设定熄火开关。

6）辅助设备

随着电子技术的不断提高，一些辅助产品应运而生，如电子平衡仪、发动机定速仪等。这些新产品用在遥控直升机特定的飞行中也是较为有益的。

4.3.4 转动部件的平衡及避振

不论遥控直升机的大小如何，保持各转动部件的平衡、对称都非常重要。例如，发动机的安装，发动机离合器、主传动齿的安装，旋翼头、平衡翼（副翼）、旋翼、尾桨架、尾桨等转动部件的重量平衡，避振非常关键。对于模型上的电子设备，也要采取一定的避振措施。

4.4　试飞和调整

4.4.1　装配后的测量与调整

一架遥控直升机组装完毕后，旋翼角等关键部位的测试、调整对今后能否正常、稳定地飞行非常重要。

1. 旋翼角（螺距）与发动机油门的匹配

直升机旋翼角与发动机油门（风门）的合理匹配非常重要。

（1）从飞行原理的角度分析，随着旋翼角的增大，旋翼转动时产生的阻力矩会成倍增大，所以在遥控器上应将旋翼曲线设定为 1/2 抛物线状。

（2）从发动机风门变化与功率转数输出的规律看，发动机风门打开到 50% 时，其输出功率已大于 50%，而在风门打开 80%~100% 阶段，发动机的输出功率提高不足 10%。因此，将发动机油门曲线的设定为 1/2 倒抛物线状更为合适。

2. 陀螺与尾桨的调整

遥控直升机在飞行中，方向偏转的控制依靠陀螺仪的辅助来提高稳定性，这已成为公认的配置。随着电子技术的飞速发展，电子陀螺仪具有反应速度快、灵敏度高和方向锁定等功能，已几乎替代了传统的机械陀螺。

4.4.2　陀螺仪的安装参数设置

（1）进入主界面，如图 4.28 所示。

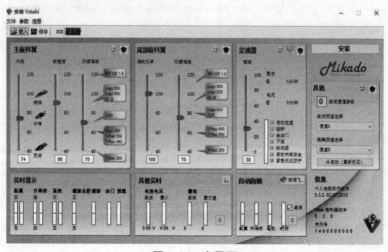

图 4.28　主界面

（2）安装向导。

拔下舵机的所有连线，断开电调的电动机连接线。创建新的安装设置，加载预设的出厂设置并启动向导。该向导将引导整个安装过程，如图 4.29 所示。

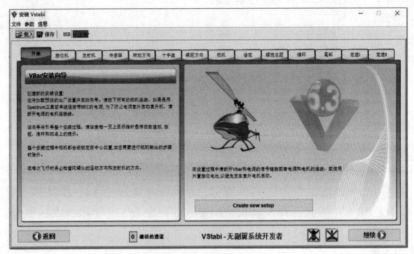

图 4.29　安装向导

（3）接收机。

选择接收机类型，将接收机和控制软件连接，如图 4.30 所示。

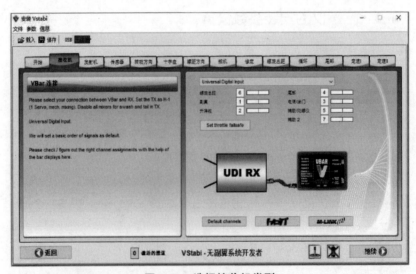

图 4.30　选择接收机类型

（4）发射机。

对发射机的调整主要是校准通道，使遥控器的通道信号和控制软件的通道一致，主要需要调整中立点、行程和方向。调整遥控器上对应的升降、副翼、方向、螺距通道的中立点、行程和方向，使它们与图示正确对应，如图4.31 所示。

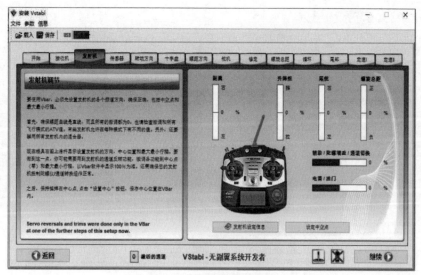

图 4.31　发射机设置界面

（5）传感器。

一般将传感器放置于飞机尾部，如图 4.32 所示。

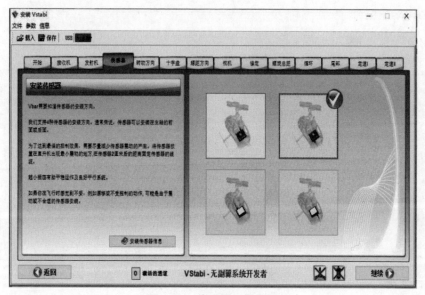

图 4.32　传感器设置界面

(6) 主旋翼转动方向。

大部分机型都采用顺时针方向，如图4.33所示。

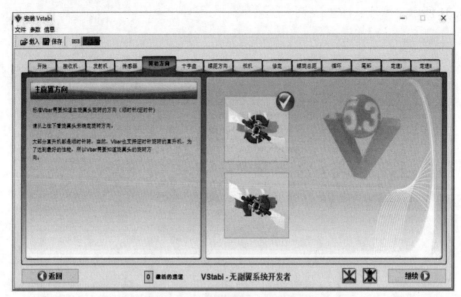

图 4.33　主旋翼转动方向设置界面

(7) 十字盘。

选择"HR-3"十字盘形式，如图4.34所示。

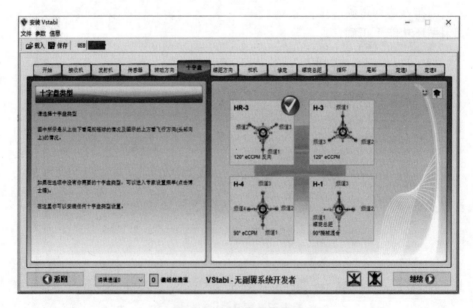

图 4.34　十字盘设置界面

（8）螺距方向。

通常来说，采用引导桨夹边缘控制，十字盘向上，螺距是正的；采用落后桨夹边缘控制，十字盘则向下，如图 4.35 所示。在机头位置小心检视方向，应根据杠杆的连接而定，情况可能与上述相反。

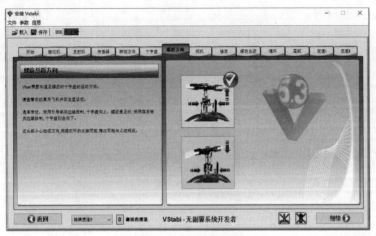

图 4.35　螺距方向设置界面

（9）舵机。

如图 4.36 所示，参照图示确保十字盘舵机正确接到控制软件。舵机的位置从上往下看，机头在图的上方，使用按钮来设置舵机的运动方向，根据操纵杆的输入达到正确的螺距运动。然后，通过发射机来检查舵机的循环功能。如果循环功能不正确，那么直升机和向导设置可能有出入，应重复以前的步骤，调到正确。

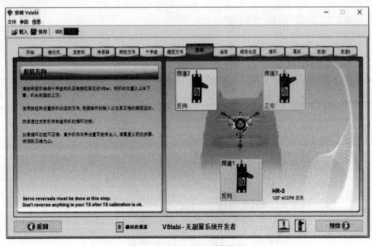

图 4.36　舵机设置界面

（10）修订。

为十字盘进行基本调整，需要将十字盘放置于与主轴呈 90°且螺距行程在中心的位置进行调整，此时的螺距应该是 0，如图 4.37 所示。

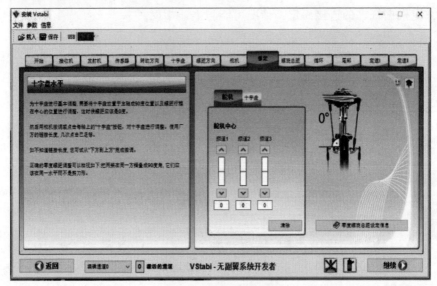

图 4.37　修订设置界面

4.4.3　遥控直升机的参数设置与调整

一架遥控直升机经过各道组装程序，将外壳贴画后，便基本完成了装配工作。但各部位、系统的调整对今后的飞行更为重要，包括大小舵角的设定、微调使用等。

1. Futaba T14SG 遥控器设置

（1）Futaba T14SG 遥控设备如图 4.38 所示。

图 4.38　Futaba T14SG 遥控设备

（2）主界面设定两个计时器，以提醒飞行时间，如图 4.39 所示。

（3）机械调整完成后，所有通道的 SUB－TRIM 均为 0，如图 4.40 所示。

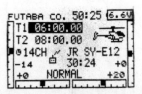

图 4.39 主界面设定两个计时器

SUB-TRIM			1/2
1AIL	+0	5GYRO	+0
2ELE	+0	6THR	+0
3PIT	+0	7GOV	+0
4RUD	+0	8NDL	+0

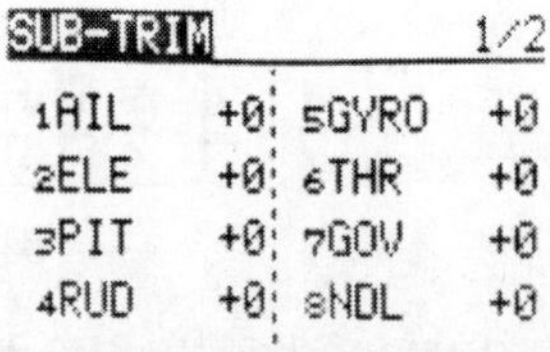

图 4.40 机械调整所有通道的 SUB－TRIM

（4）按照陀螺要求将 RUD 通道行程量（ATV）设定为 140%，其他通道均为 100%，如图 4.41 所示。

（5）设定飞行模式及切换开关，如图 4.42 所示。

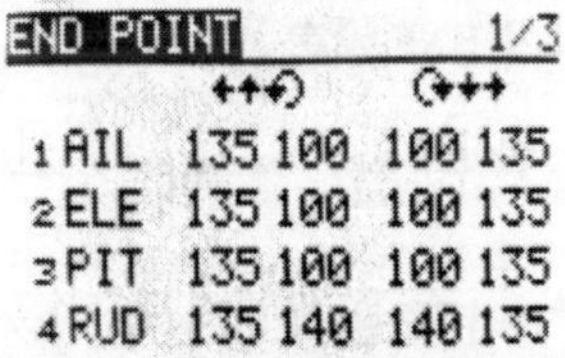

END POINT			1/3
	++€)	(€++	
1AIL	135 100	100 135	
2ELE	135 100	100 135	
3PIT	135 100	100 135	
4RUD	135 140	140 135	

图 4.41 初尾桨通道设定

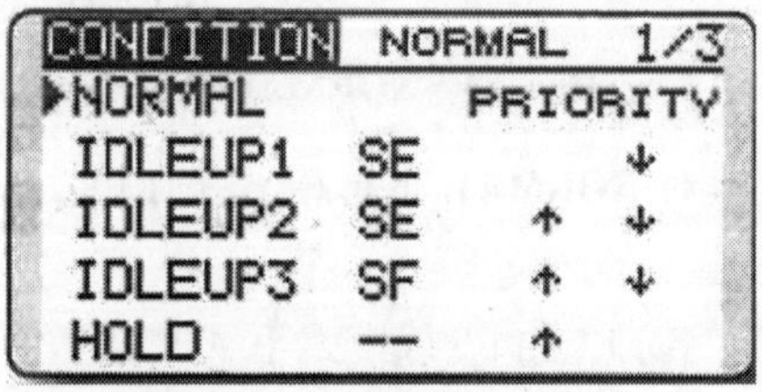

CONDITION	NORMAL	1/3
▶NORMAL		PRIORITY
IDLEUP1	SE	↓
IDLEUP2	SE	↑ ↓
IDLEUP3	SF	↑ ↓
HOLD	--	↑

图 4.42 设定飞行模式及切换开关

初始设定时，包含普通模式在内的 4 个条件已被设定。

● 普通模式（NORMAL）：用于初始设置，开关关闭，通常在启动、悬停时使用。

● 高速模式 1（IDLEUP1 SE）：SW－E 开关在中间位置时启动，通常用于失速倒转、筋斗等特技动作。

● 高速模式 2（IDLEUP2 SE）：SW－E 开关向前时启动，通常用于横滚。

● 高速模式 3（IDLEUP3 SF）。

● 油门锁定模式（HOLD）：初始设定中并未设定此开关，SW－G 开关向前时启动，通常自旋状态下使用。

条件切换开关及条件优先顺序是可以改变的。在飞行条件设定完成后，操作开关，对画面上显示的条件名进行确认。这几种操作条件中，油门锁定模式的优先级最高。

（6）通道分配。

在关联菜单的功能选项中，需要对每一个通道分配情况进行检查，如图 4.43 所示。

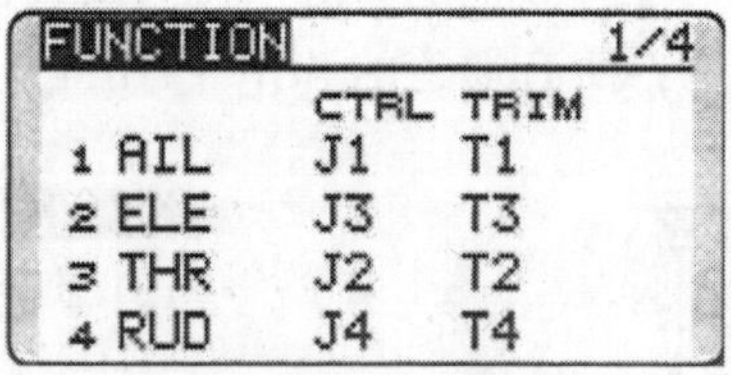

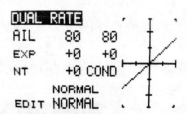

图 4.43　通道分配

（7）NORMAL 飞行模式下 AIL 通道的 D/R 及 EXP 设定如图 4.44 所示。

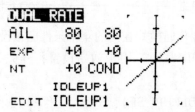

图 4.44　NORMAL 模式下 AIL 通道的 D/R 及 EXP 设定

依次对 NORMAL 飞行模式下 ELE、THR、RUD 通道的 D/R 及 EXP 进行设定。

（8）IDLEUP1 飞行模式下 AIL 通道下的 D/R 及 EXP 设定如图 4.45 所示。

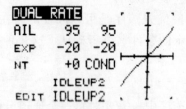

图 4.45　IDLEUP1 飞行模式下 AIL 通道下的 D/R 及 EXP 设定

依次对 IDLEUP1 飞行模式下 ELE、THR、RUD 通道的 D/R 及 EXP 设定进行。

（9）IDLEUP2 飞行模式下 AIL 通道下的 D/R 及 EXP 设定如图 4.46 所示。

图 4.46　IDLEUP2 飞行模式下 AIL 通道下的 D/R 及 EXP 设定

依次对 IDLEUP2 飞行模式下 ELE、THR、RUD 通道的 D/R 及 EXP 进行
设定。

（10）NORMAL 飞行模式下油门曲线的设定如图 4.47 所示。

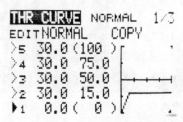

图 4.47　NORMAL 飞行模式下油门曲线的设定

依次对 IDLEUP1、IDLEUP2 飞行模式下的油门曲线进行设定。

2. 直升机重心的调整

理想的重心位置应在直升机旋翼主轴的垂线上，也可根据直升机的机型
选择重心位置（油箱位置偏后的机型在未加油时的重心应略偏前一些）。通常
可选择接收机电池来调整重心位置。但应注意的是，尽可能不在机身尾部增
加额外的重量。

3. 旋翼和尾桨调整

1）旋翼平衡的调整

旋翼作为直升机飞行最为关键的部件之一，其平衡的调整非常重要。平
衡检测中有对两只旋翼的重量平衡，如图 4.48 所示。规范厂家生产的一对旋
翼质量的差别控制在 0.5 g 以内，旋翼重心位置的对称度高、差别很小。如果
两只旋翼的质量差别不大，可采用不干胶带（贴膜）进行补偿，如图 4.49
所示。

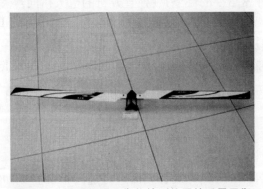

图 4.48　利用旋翼平衡仪检测旋翼的重量平衡

图 4.49 旋翼可用不干胶贴带配平

2）尾桨平衡的调整

尾桨多由塑料成形，体积小、质量轻，一般差别不会过大。

4.4.4 初次试飞的注意事项

对初次飞行遥控直升机的爱好者来说，最好请有飞行经验的熟手帮助进行试飞、调整，千万不可急于求成、草率行事，这也是快速掌握遥控直升机飞行技能的关键所在。如果找不到熟手帮忙，则应在模拟器练习中熟练地掌握了"悬停飞行技巧"之后，再进行实际飞行体验。

1）遥控设备"拉距"

初次试飞新遥控直升机前，应对遥控设备进行控制距离的测试，即"拉距"。通常遥控直升机设备在不拔发射机天线的条件下，地面控制距离在60 m以上。

2）直升机的启动

当发动机启动后，将直升机放置在距离操纵位置5 m外的位置，然后拔出发射机天线（非常重要的环节）；使直升机的机头指向与飞手的前视方向一致，轻推油门。

3）发射机预设推杆微调

由于新组装的直升机无法确定各舵面的中立位置，因此在升空后很可能发生倾斜。这对初学者来说是非常危险的。因此，初学者在试飞前应先将升降舵微调向前推一些，以保证直升机升空后不飞向自己，从而避免危险的发生。

4）直升机的初步（悬停）调整

在磨合的后期，可对直升机各舵面进行适应性调整，如各舵面的灵活程度、直升机各舵面是否在中立状态、两只旋翼是否在同一平面、陀螺仪的感度、直升机振动等，并就此进行相应的调整。

直升机起飞后升至目视高度悬停，此时油门杆应正好立在中立位置。如旋翼角参数正常（约 5.5°），则应在发射机上调整油门微调钮，使油门杆确定在中立位置。

此外，两只旋翼的平衡也非常重要。在旋翼生产过程中很难达到两只旋翼完全对称、均衡，特别是木桨还会因太阳曝晒、天气骤变等原因发生变形。最常见的就是两只旋翼升力不同而出现两只旋翼各自在不同的旋转面上，由此导致直升机振动，俗称"剪刀桨"。这可以通过改变两只旋翼的螺距来解决。在调整直升机悬停飞行时，如果各舵面不在中立位置，则可先通过微调来修正，然后根据修正量的大小通过旋转舵机摇臂位置来解决。

注意：尽量不要使用发射机的设置参数和微调，因为这会使舵机、摇臂出力不均衡。

5）直升机航线飞行调整

直升机悬停飞行调整后，就要进行航线飞行的调整。当直升机进入高速飞行时，旋转的旋翼以主轴为线分为左、右两个半圆，左半圆旋翼在前进风速的作用下产生的，而右半圆旋翼则反之，以破坏直升机原有的飞行平衡。在旋翼陀螺力矩的作用下，机身产生抬头力矩和侧倾力矩。这时，我们就要通过升降舵和副翼微调使直升机达到航线飞行的平衡。

4.5　飞行训练

遥控直升机飞行训练既是学习知识，也是掌握技能，这离不开良好的学习方法和习惯的养成。

4.5.1　养成规范的操作习惯

在操纵直升机飞行时，人体的站位、手握（设备）方式、身体姿态对能否保证良好的飞行都有着直接影响。

1. 遥控器的握持方式

遥控发射机的握持对于手动控制无人机的飞行有十分重要的意义，正确的握持方式对精准控制无人机具有很重要的作用。业内公认造成无人机操纵困难的一个原因就是没有预判。在手动飞行过程中手脱离操纵杆，当发生紧急情况时做出仓促反应，从而不能正确地控制操纵的节奏和幅度，动作变形，造成无人机偏离设定的航线，严重的甚至造成无人机损毁。

规范的遥控发射机握持方式有两种。一种是无人机驾驶员面向无人机站立，双脚与肩同宽，双臂自然放松，手掌对称地轻握遥控发射机，根据手臂长度将遥控发射机置于肚脐上下、比较放松的位置，拇指和食指共同配合来拨动操纵杆，其他手指根据实际需要来拨动遥控发射机上的其他开关，如图4.50所示。拇指的指肚始终压在操纵杆的杆顶以控制操纵动作，食指指肚始终放在操纵杆的侧面起到稳定的作用，如图4.51所示，食指就像弹簧一样，用来缓冲拇指带动操纵杆的运动，从而使操纵动作更细腻、更精准。

图4.50　遥控器发射机的握持方式（一）

图4.51　拇指和食指的配合

在飞行操纵过程中，拇指的指肚轻压在操纵杆的杆顶，以轻微蠕动带动操纵杆做上、下、左、右微动，以小舵量、多舵次修正飞行轨迹，即每次操纵杆的位移量都控制在比较小的范围，通过多次、快速地操作操纵杆，达到修正无人机飞行轨迹的目的。因此，在操纵无人机时，全身一定要放松，每次的打舵量一定要小，力度要非常轻，切忌因紧张引起动作变形，造成不必要的失误。

另一种方式是双手握遥控发射机时四指自然弯曲握住发射机两侧，用拇指按住操纵杆顶端。注意：拇指第一关节应尽量保持约90°内曲（图4.52），如果拇指关节伸得过直，会使拇指动作僵硬，不能灵活敏捷地控制操纵杆！有的爱好者喜欢用拇指从操纵杆的侧面推动操纵杆动作（图4.53），这不是好习惯，当全方位使用操纵杆时就会遇到麻烦！为了能使手部的动作放松，能更加精确地控制操纵杆，配合使用背带或发射机托盘（图4.54）不失为一种好方法。

图4.52　遥控发射机的握持方式（二）

图4.53　不当的握姿

图 4.54　发射机托盘

2. 控制操纵杆的方法

正确掌握遥控设备的握法后，规范的操纵杆动作更为重要。这在飞行初期就要建立细腻、柔缓的操纵杆要领，即不论打哪个操纵杆，都要柔缓、适度，切忌给杆的动作生硬猛烈。这对迅速、规范地提高飞行技术起到决定性作用。

3. 飞行时的站位及身体姿态

人体正对飞行区域，保持身体直立，两肩与飞行航线平行，双脚分开与肩齐宽，人体重心居于两脚之间，全身自然放松，不得随意扭曲、晃动。做航线飞行时，只需要颈部随直升机转动即可。

4. 建立领着直升机飞行的意识

（1）应牢固建立早发现、早修正，培养依据直升机姿态给杆的意识。直升机处于高速飞行中，必须较早地发现不正确的飞行姿态，并及时修正。发现和修正得越早，动作的失误就越小；否则，飞行动作会导致明显的失误。直升机飞行中的姿态都是沿一定的半径改变的，任何动作的飞行都必须留有提前量。

（2）养成根据直升机的飞行姿态给杆的习惯。飞行中常常遇到大风天气，有时直升机被大风吹得飘浮不定，甚至操纵杆快打到极限时才能控制住直升机的飞行姿态。因此，飞手应尽早养成根据直升机的飞行姿态给杆的习惯。

4.5.2　基础动作的练习

基础动作的练习对快速提高遥控直升机飞行技巧非常重要。如果大家能够循序渐进地进行练习，就会一步一个台阶地步步高升，且损失极小，并能真正体验和享受飞行的无尽快乐。但如果贪图快速，恨不得拿了飞机就跑航线，做筋斗、倒飞等特技动作，那可能会导致巨大的损失，并可能会导致飞行的心理障碍，进而失去飞行的乐趣。下面介绍遥控直升机飞行的基本术语。

（1）悬停：直升机静止不动地在空中飞行。

（2）目视高度（平视高度、悬停高度）：以直升机重心为准，飞行高度与飞手双目同等的高度。

（3）自转：直升机通过改变尾桨作用力绕旋翼轴进行旋转。

（4）自旋：直升机在没有动力的条件下，靠旋翼的旋转惯性飞行。

（5）横滚（侧滚）：直升机通过副翼绕纵轴进行滚转。

（6）翻滚（前滚/后滚）：直升机在不改变高度的状态下，用升降舵使机体以重心为轴，绕横轴进行滚转。翻滚期间，重心位移不得超过一个机身的长度。

（7）半滚：直升机通过副翼绕纵轴翻转180°。

（8）飞行轨迹：直升机重心在行进过程中所形成的连线。

4.5.3　飞行动作训练

1. 入门练习

在实际操作直升机飞行前，建议爱好者进行 10 h 以上的直升机模拟训练，这对实际操作的快速进步有极大的帮助。有了初步的感性认识和操纵意识后，在实际飞行时，须从直升机正悬停蛙跳飞行练习开始。其动作要领：初步练习时，应让直升机始终保持正悬停、迎风状态；距飞手约 6 m 远，轻推油门杆，直升机出现飘浮状态时发生左倾移，这时略加一些右副翼杆，继续推油门杆，此时直升机渐渐离开地面，应及时回右副翼杆至中立，略收一些油门杆，并观察直升机的飞行姿态，及时修杆；当直升机飞至约 0.5 m 高时，须逐步减少油门杆量，尽可能地将直升机维持在这一高度 20~30 s（时间不宜过长），再略收油门杆，控制直升机缓缓降落。反复练习这一过程，逐步延长直升机在空中悬停的时间，并尽可能地控制直升机在空中悬停的区域，飞行范围越小越好。

循序渐进，控制好时间。初学者第一次飞行时，不到 2 min 就会感觉"两只手不听大脑指挥"。这是每位飞手都要经历的过程，主要是人体神经系统在高度兴奋状态下极易产生疲劳现象所致。这一现象在几天或一周内便可逐步缓解（指每天安排飞行的情况），承受飞行疲劳的时间也会逐步延长，训练有素的飞手可持续飞行数小时。

切记：初学者必须控制好飞行起落的时间，千万不可贪长、贪多。一般来说，初次飞行的几天，最好控制在飞行 2~3 min 就休息 10 min，体会飞行的操纵方法。随着飞行天日的增多，每次的飞行时间可由 3 min 逐次增加

1 min，逐步延长。

2. 结合模拟训练

在学习新动作之初，如果能结合模拟器练习，可达到事半功倍的练习效果。然而，模拟器毕竟与实际飞行有较大的差距，仅有助于对操纵飞行的概念有清晰的认知（减少错舵现象）。

3. 起飞

起飞的要领是缓推油门杆。当旋翼具备一定升力后（旋翼升力尚不足使直升机升空），开始微压右副翼杆，待直升机起飞（离地）后迅速将右副翼杆回至中立点，使直升机匀速上升。操作的关键是把握右副翼的压杆量和回杆的时机，并根据直升机的姿态及时调整各舵面的杆量。对直升机匀速上升的控制，主要是在起飞后应适当收一些油门杆，减少发动机多余的转数和旋翼过多的升力，使直升机匀速上升。在大风天气迎风起飞时，应适当增加右副翼的杆量，以克服风速对旋翼的横侧影响，使直升机产生偏航力矩，并视直升机的姿态而修杆。

起飞时，为什么要压右副翼杆呢？这是因为，旋翼的反作用力与尾桨作用力产生合力，在该合力的作用下，直升机在静止悬停飞行时也要通过右副翼来平衡。

4. 悬停飞行

悬停飞行是指直升机在指定高度飞行时，无摆动、无飘移、无扭转的现象。对初学者而言，能控制直升机在 5 m 范围内飞行就非常不易了。建议使用练习架，这样更安全。随着练习时间的不断增多，就能在更小的范围内控制直升机的悬停，操纵技术也会逐步提高。

在熟练正悬停技术后，就要练习机头向左（右）侧面悬停和对头悬停飞行。对头悬停时，由于直升机的前后（升降舵）、副翼和方向均是反向操纵思维，因此飞行难度较大。一般是在熟练掌握正悬停、侧面（左右）悬停飞行后，再练习对头悬停。在练习对头悬停时，一旦出现难以控制的局面，应立刻恢复侧悬停（或正悬停）飞行，化险为夷，并逐步延长对头悬停的时间，直到娴熟掌握。

5. 降落

规范的降落动作是：直升机保持匀速、直线下落，接地平稳、不反跳。要领如下：在直升机悬停状态，收油门杆使其产生下落的力矩后，及时推油门杆至悬停位置，使直升机的升力与重力相等，匀速下降。观察直升机下落的速率，及时做适当的调整（受风和气流的影响，直升机会出现上下、左右的晃动和飘移），当直升机离地面一个多机身高时，适当调整右副翼杆量，同时多收一些油门，以克服地面对旋翼产生的托浮力矩（地面的气垫效应），以保证直升机匀速下落。在滑橇触地瞬间，将油门杆收到底（或多回收一些），以免飞机反弹跳起。

注意：（1）直升机降落前容易向右侧飘移！这是因为，直升机旋翼左高右低。当直升机接近地面（滑橇距地面一个机身高）时，因地面效应，在右半侧旋翼会产生较大的升力，导致直升机向右飘移。在直升机接近地面时，飞手应适当增加一些右副翼杆量。

（2）直升机降落过程非常容易发生坠机，着陆的关键是匀速下降、平稳落地，并且着陆地点尽可能平坦、无杂物。

6. 移动飞行

移动飞行是指在静态动作中的直线飞行。要想让遥控直升机沿准确的方向直线飞行，并非易事。这是因为旋翼的陀螺力矩"作怪"。一般在无风或微风天气飞行中，在推杆让直升机直线前进的同时，应同步补偿左副翼杆量，以克服旋翼陀螺力矩的影响。当直升机启动后，可适当减少推杆量和左副翼杆量，以保证直升机直线、匀速地运动。大风天飞行时，应适当增加杆量。最难掌握的是在乱风天气飞行，需要控制两个操纵杆的全部方位，努力应对直升机发生的任何变化。除了要求飞手具有对直升机飞行的认知，还要求其具备较高的反应能力，以很好地控制直升机的平稳飞行。

7. 自转飞行

自转飞行是指直升机绕自身的旋翼轴旋转。由于直升机悬停时，旋翼轴并非垂直于地面，因此在自转时直升机必然发生飘移，要规范地完成自转飞行，难度很高。在无风天气中自转，直升机向左转时，应适当减小油门杆；向右转时，应适当增加油门杆。

8. 航线飞行

航线飞行的练习非常重要，多数飞手飞出的航线是中间正、两端偏里（以飞手为中心划弧飞行）。飞手要想建立非常稳定、规范的航线飞行，就必须经过反复、刻苦地训练。

第5章

四旋翼无人机的装配与调试

5.1　四旋翼无人机的装配

5.1.1　机架组装

无人机机架作为四旋翼无人机的骨架部分，起着支撑整个无人飞行器和为各部件提供安装位置的重要作用，是无人机必不可少的部件之一。通过对本节内容的学习，读者可学会如何组装机架。而且，读者在组装机架过程中和完成后，还要能总结出好的安装方法和规律，为以后组装更复杂的无人机机架做准备。

1. 首先组装机架的原因

在开始安装四轴飞行器前，笔者建议先将空的机架进行组装。在对四轴飞行器尚不了解的情况下，先把机架组装完整可以给制作者一些具体化的体验。有了这种体验，制作者就可以先在头脑中对电动机、电调和飞控的安装的位置有一个整体的了解，并可实验安装及布线方式。

机架组装完成后，应考虑以下几点：

（1）飞控安装的位置（可以同时考虑飞控方向的朝向）。以飞控为中心，考虑其他部件的安装。

（2）电调安放的位置。此时需要考虑电调的电源线和信号线的布线方式。

（3）电动机的安装位置。此时要注意机架上固定电动机的螺孔及螺丝是否符合规定。同时还要注意电动机在安装桨后，两桨是否会有交叉（这应该是在制作机架时考虑的问题，这时需要实际比对一下，以确定不会出现两桨交叉的情况）。

（4）其他设备的安装。例如，安装接收器或 GPS 时，应检查是否有足够安装这些部件的位置——既不影响原本的布线方式，也不会妨碍桨的旋转，同时不受其他部件的电磁干扰。

2. 机架组装操作

在本书中使用的是 F450 机架。F450 机架的组装和拆卸十分方便，适合新手学习使用。本组装所需的物品包括机架、20A 电调、3S2200 mAh 锂电池、1 000 KV2312 无刷电动机、APM 飞控/NAZA 飞控、电流计/BEC 模块、乐迪九通道遥控器及接收机、MBNGPS 模块/NAZAGPS、电压检测模块、1045 螺旋桨。

1）学习组装无人机机架是入门第一步

初学者如果不学习组装无人机机架的一些要点，直接上手组装无人机，就很有可能会因为组装顺序错误而反复拆装机架，甚至损坏机架。

对初学者而言，在组装过程中有可能会遇到以下问题：机臂装反；中心板安装方向错误；螺丝拧不进螺丝孔；等等。看似简单的机架安装，在实际操作过程中有许多需要注意的细节。

2）机架组装操作实例

本节使用的机架是一款塑料材质的四旋翼无人机机架，此款机架共有 4 个机臂，分红、黑、白 3 种颜色。我们可以选择同种颜色的一对机臂作为机头侧机臂，选择与机头侧不同颜色的一对机臂作为机尾侧机臂。这样选择的原因是：在无人机升空后，飞手可以通过识别机臂颜色来区分机头和机尾，从而准确确定四旋翼无人机的头尾方向。

四旋翼无人机机架由 4 个机臂、1 个上中心板、1 个下中心板组成，如图 5.1 所示。

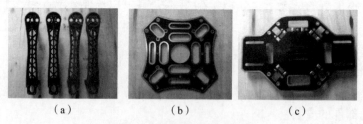

（a）　　　　　　　（b）　　　　　　　（c）

图 5.1　四旋翼无人机机架

（a）4 个机臂；（b）上中心板；（c）下中心板

机架的机臂设有金属螺纹孔。拧螺丝时，一定要把螺丝垂直对正螺丝孔，将螺丝拧到适合的紧度即可。切记：不要用力过大，避免把螺丝孔拧滑丝。

安装步骤如下：

第 1 步，准备 4 个机臂、1 个上中心板、16 个 M2.5×6 内六角螺丝。

第 2 步，将机臂和机架上中心板摆成图 5.2 所示的样子。

第 3 步，如图 5.3 所示，用 4 个 M2.5×6 螺丝将机臂和上中心板一角简单固定在一起。注意：先不要拧紧螺丝，以防有的螺丝孔对不正，导致螺丝拧不进去。

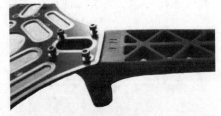

图 5.2　安装 1 号机臂所用的零件　　图 5.3　1 号机臂与上中心板的安装位置

简单固定每一个螺丝后，按照图 5.3 检查。如果安装错误，就按图 5.3 及时调整；如果安装正确，就拧紧螺丝。

以同样的方法将 2 号、3 号和 4 号机臂分别与机架上中心板安装在一起。安装时，需注意机臂颜色，机头方向的机臂应该是同色，机尾方向的机臂应该是同色。图 5.4 所示为 4 个机臂与机架上中心板组装完成后的整体图。

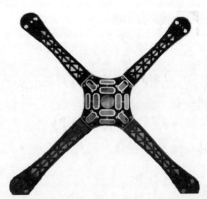

图 5.4　4 个机臂与机架上中心板组装完成后的整体图

注意：本节中机架的安装采用红色机臂为机头方向，黑色机臂为机尾方向。

此时安装尚未结束，还需要将机架下中心板、脚架和已经安装好的机臂安装在一起。

第 4 步，准备 1 个下中心板、4 根脚架、8 个 M2.5×10 内六角螺丝。

第 5 步，将组装好的机臂和上中心板反转并平放于桌面上。把下中心板放在机臂上面，螺丝孔要与机臂上的螺丝孔对齐；下中心板分正反面，将有焊点的一面面向上中心板，将没有焊点的一面面向安装者摆放。

第 6 步，如图 5.5 所示，将脚架放置于下中心板上，孔位与下中心板孔位对齐，用 2 个 M2.5×10 螺丝将三者固定在一起。

第 7 步，安装完成后，按照图 5.5 进行检查。如果安装错误，就按图 5.5 及时调整。如果安装正确，就以同样的方法将剩下 3 个脚架分别与下中心板及机臂安装在一起。安装完成后的脚架如图 5.6 所示。

图 5.5　脚架与下中心板安装图　　　　图 5.6　安装脚架完成图

如果没自选购脚架，则只需按照第 5 步将已经固定在上中心板上的机臂与下中心板用 8 个 M2.5×6 螺丝固定。

5.1.2　电调和供电线的焊接

1. 电调的焊接

电调的焊接分为两种：一种是直接焊接到下中心板的焊点上；另一种是将电调的正极线焊接到一起，将负极线也焊接到一起。后一种方法适用于不带焊点的机架。也可以单独买一块分电板，用来焊接电调供电线。

本节所采用的是中心板自带焊点及走线的机架，故直接将电调焊接在下中心板上。

1）焊接工具

焊接所用的工具有电烙铁、焊锡丝、松香等，如图 5.7 所示。在焊接之前，应掌握基本的焊接技能，可以先用铜丝或铁丝练手，尝试用电烙铁把两根金属丝焊接到一起。

（1）电调供电线分正负极。电调的供电线分为红黑和白黑两种。其中，红色线、白色线连接电调的正极，要焊接到符号为"＋"的焊点；黑色线连接负极，要焊接到符号为"－"的焊点。

图 5.7　焊接工具

（2）机架下中心板内分布有正、负两种焊点，即标有"＋"号的焊点用于与电源正极或电调的正极线焊接；标有"－"号的焊点用于与电源的负极或电调的负极线焊接。

2）电调的焊接步骤

第 1 步，首先准备 20 A 电调 4 个、机架下中心板 1 个。

第 2 步，将一个电调与下中心板按图 5.8 所示进行摆放，分别在中心板这对焊点上和电调的电源正负极线上镀锡。

图 5.8　电调电源线与下板焊点的焊接

第 3 步，将电调的红色（或白色）电源线焊接到下中心板上带有"＋"号的焊点上；将黑色电源线焊接到下中心板上带有"－"号的焊点上。

注意：要尽量保证焊点光亮、饱满、干净，以防虚焊；两个焊点之间不要连有焊锡，防止发生短路。

第 4 步，重复第 3 步中的过程，将其余 3 个电调焊接到下中心板的其他 3 对焊点上。4 个电调都焊接完成后，如图 5.9 所示。

图 5.9　焊接完成的 4 个电调图

2. 电源供电线的焊接

电源供电线的焊接步骤如下：

第 1 步，截取 10 cm 左右红色和黑色电源线各一段，准备 XT60 母头电源插头一个，如图 5.10 所示。

第 2 步,焊接时,先在插头焊点和电源线上镀锡,将红色电源线与 XT60 电源插头上标有"+"号的焊点焊接在一起;将黑色电源线与 XT60 电源插头上标有"-"号的焊点焊接在一起,然后使用热缩管将裸露的焊点包裹,如图 5.11 所示。

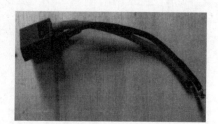

图 5.10　电源线和电源插头　　　　图 5.11　焊接好的电源线

第 3 步,在下中心板焊点和电源线另一端镀锡,将已焊接电源插头的电源线焊接到下中心板对应的供电焊点上。红色线焊接在标有"+"号的焊点上,黑色线焊接到标有"-"号的焊点上。与下中心板焊接完成的电源线如图 5.12 所示。

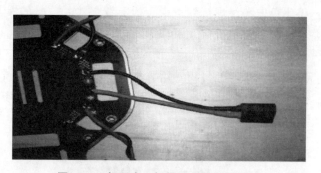

图 5.12　与下中心板焊接完成的电源线

5.1.3　四旋翼组装流程

在组装整机之前,应分析组装整机所需的步骤:机臂和脚架的安装;上中心板的安装;电动机的安装;电动机与电调线的连接;飞控的安装;飞控、电调、接收机之间的连接;无人机供电;电调的校准;电动机转向的调整;螺旋桨的安装;飞控调参的设置。

1. 机臂和脚架的安装

如图 5.13 所示,准备 4 根脚架、4 根机臂、已焊接好电调的下中心板、M2.5×10 内六角螺丝 8 颗,M2.5 内六角螺丝刀 1 把。

图 5.13　机臂、脚架与下中心板的安装

如图 5.14 所示，将电调电源线从机臂与下中心板之间的空孔中穿出，用 M2.5×10 内六角螺丝将机臂和脚架分别安装到已焊接好电调和电源线的下中心板上。

图 5.14　用 M2.5×10 内六角螺丝固定脚架、下中心板和机臂

安装时，可以先用螺丝将每个脚架和机臂简单固定在下中心板上，再统一将螺丝拧紧。这样做的好处是可以防止出现螺丝孔对不齐进而拧不进螺丝的情况。

如果现有的机架没有脚架，则可以选择较短的 M2.5×6 螺丝来固定下中心板与机臂。笔者组装机架时，习惯将红色机臂安装到下中心板较长的方向作为机头，读者可以根据自己的喜好选择颜色和方向。

2. 上中心板的安装

准备上中心板一块、M2.5×6 内六角螺丝 16 颗，将上中心板按图 5.15 所示摆放到已经安装好的机架上。把电调的信号线从机臂与上中心板的空孔中穿出，用 16 颗 M2.5×6 内六角螺丝将上中心板固定到机臂上。

图 5.15   固定好的上中心板

3. 电动机的安装

准备已焊接"香蕉头"的两正两反 2312 无刷电动机（共 4 个，图 5.16）、M3 内六角螺丝 16 个，M3 内六角螺丝刀 1 把。

图 5.16   正转电动机（左边两个）和反转电动机（右边两个）

电动机轴上带有螺纹的电动机有正反之分。反转电动机所用的螺母需顺时针旋转上紧，正转电动机所用的螺母需逆时针旋转上紧。在机架上安装电动机时，要区分正反转电动机的安装位置，不可将正转电动机安装到反转电动机的位置。不同转向电动机的正确安装位置及电动机转向如图 5.17 所示，CCW 表示反转电动机，CW 表示正转电动机。

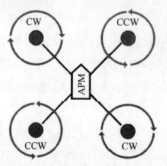

图 5.17   正反转电动机的安装位置及电动机转向

以 2 号反转电动机的安装为例。如图 5.18 所示，将电动机线从机臂的空孔中穿出，用螺丝从底部将电动机固定在机臂上。其余 3 个电动机的安装与 2 号电动机相同，在安装时要注意正反转电动机的安装位置。

图 5.18　将 2 号反转电动机安装在 2 号机臂上

4. 电动机与电调线的连接

如图 5.19 所示，将已安装好的电动机和与其在同一机臂上的电调连接，并用电工胶布（或扎带）将电调绑紧在机臂上。

图 5.19　电动机与电调连接

可直接将 3 根电动机线与电调的 3 根输出线任意连接，且不用注意线序问题，在随后的电调校准环节中会专门测试电动机转向是否正确。如果有电动机转向不对，只需将这个电动机与电调的任意两根输出线交换连接，即可改变电动机转向。

5. 飞控的安装

飞控的安装比较简单，但是如果不注意细节，就很有可能导致严重的后果。在此介绍两种不同飞控的使用，一种是本节中的开源 APM 飞控，另一种是闭源的 NAZA 飞控。

无论读者使用的飞控是否为本节所介绍的飞控板，在安装时都需要注意以下事项。

（1）区分飞控板的正反面。如果飞控正反面颠倒，飞控板上的传感器会出现混乱。以 APM 飞控板为例，印有文字 FORWARD（前面）的一面是飞控板的正面，此面分布有各种针脚，用于连接电子器件和传感器。此面应该朝上安装在无人机机架上，如图 5.20 所示。

图 5.20　无人机的正前方

（2）分清飞控板的机头方向。一般的飞控板上都会有一个箭头指向正前方，表示机头方向。飞控安装方向如图 5.20 所示，本书将机架的红色机臂方向（即箭头方向）定义为无人机的机头方向。飞控板上的箭头指向应该与无人机机头方向一致。

（3）注意飞控板的安装位置。飞控板通常安装在机架的中心位置。安装飞控板之前，要先将飞控板减振支架用 3M 双面胶固定在机架的上中心板的正中心。注意区分支架的正反方向，减振支架由两块板子组成，面积大的一面位于下方安装，如图 5.21 所示。安装完飞控减振支架后，将飞控板用 3M 双面胶固定在减振支架上。需要注意的是，飞控板的机头方向与无人机机架机头方向应相同，且飞控板中心要与机架上中心板重合。安装完成的飞控板如图 5.22 所示。

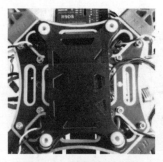

图 5.21　减振支架安装

图 5.22　安装好的飞控板

（4）飞控板安装时要与机架平面平行。

（5）确定飞控板中烧写的程序。如果飞控板中烧写的是六旋翼无人机的程序，而把它装到四旋翼飞行器上，就很可能无人机不起飞或者直接在地面翻机。本书使用的 APM 飞控板是一款可以支持固定翼无人机、多旋翼无人机、船等模型的飞控板，其中的多旋翼机型中又有四轴、六轴、八轴等机型可选，如图 5.23 所示。本书制作的无人机属于四旋翼无人机，所以要选择图中的四旋翼无人机固件进行烧写。

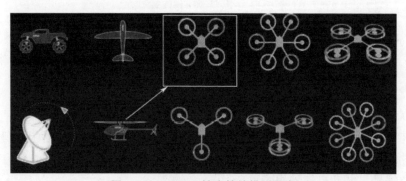

图 5.23　APM 飞控支持的模型种类

6. 飞控、电调、接收机之间的连接

安装完 APM 飞控之后，就要进行连线，应按照相应的接线规则分别连接飞控与电调，并连接飞控与遥控器的接收机。在连线之前，要了解 APM 飞控各针脚的定义和功能，如图 5.24 所示。

针脚定义如下：

①数传接口。

②模拟传感器接口。

③增稳云台输出接口。

④ATMEGA2560 SPI 在线编程接口（可用于光流传感器）。

图 5.24　APM 飞控板内部图

⑤USB 接口。

⑥接收机信号输入接口（接收来自遥控器的信号）。

⑦功能选择跳线。

⑧GPS 接口。

⑨IIC 外接罗盘接口。

⑩ATMEGA32U2 SPI 在线编程接口。

⑪多功能可配置 MUX 接口（默认为 OSD 输出）。

⑫电流电压接口。

⑬电调供电选择跳线。

⑭电调输入接口。

1）飞控与电调连线

在图 5.24 所示中，标号⑭的区域就是 APM 飞控的电调输入接口，从下到上依次是 1 号电调接口、2 号电调接口、3 号电调接口、4 号电调接口，分别连接图 5.25 所示中的 1 号电动机、2 号电动机、3 号电动机、4 号电动机（电调编号与电动机编号相同）。

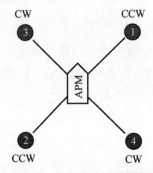

图 5.25　电动机电调编号图

在飞控板标号⑭的电调输入接口处针脚上有 3 个标记——"S"号、"＋"号和"－"号，分别表示信号、电源正极和接地线。与电调颜色的对应关系是："S"号对应白色或黄色的线，"＋"号对应红色电源线，"－"号对应黑色接地线。要注意的是，每个电调都要按照这个顺序接线。飞控连接电调完成后，如图 5.26 所示。

图 5.26　APM 飞控电调连接

2）飞控与接收机连线

将飞控连接电调后，就连接接收机。接收机的连线也不能掉以轻心，因为接收机需要接收遥控器传来的信号并传送给飞控，如果接收机与飞控的连线有错误，飞控就不能正常处理来自接收机的信号或处理的不是本通道的信号。

在图 5.24 所示中，标号⑥的区域就是飞控连接接收机的输入引脚，从下到上依次是输入通道 1、输入通道 2、输入通道 3、输入通道 4 等，分别连接接收机的 1 通道、2 通道、3 通道、4 通道等。

如图 5.27 所示，接收机从上到下依次标有数字引脚 1～8，其分别代表接收机的 1～8 通道。

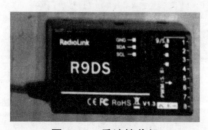

图 5.27　乐迪接收机

连接好接收机的飞控如图 5.28 所示。为解决接收机供电和飞控切换飞行模式的问题，除了必须连接的 1～4 通道外，还增加了一根 3P 线，用于连接接收机的 5 通道和飞控的 5 通道，这样接收机就可以从飞控上取 5 V 电压了。

在连接接收机后，可以用3M双面胶将接收机固定在机架的某个空位置。

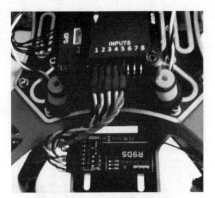

图 5.28　连接接收机的飞控

至此，已完成了飞控最重要的两部分连线。接线完毕后，一定要按照正确的规则认真检查接线是否有错误，以防上电后出现问题。

7. 无人机供电

接下来，为飞控板、接收机和无人机的电动机供电。

由于笔者使用的是自身不带 BEC 5 V 输出的电调，所以飞控不能直接通过电调从电池取 5 V 电压。为此，笔者为飞控配备了专门的电源模块，即电流计，如图 5.29 所示。

图 5.29　电流计的连接

连接时，首先将电流计与无人机机架上已焊接的电源线连接，然后将电流计上专门用来为飞控供电的 6P 线插头连接到飞控板上标记有 PM 字母标记的插口上。插线时，要注意插口方向。

连接电流计后，把锂电池与电流计另一端的 XT60 插头连接，此时无人机就通电了。飞控板、接收机指示灯亮，电调发出"嘀嘀"声，表示通电正常。若上电后出现自烟、烧焦味，则表示通电异常，应立刻断电，检查线路。

如果连接电流计后通电正常，就可以将电流计放到上下中心板夹层中间，将 6P 供电线从上中心板的空孔中穿出再连接飞控，这样可使无人机布线更美观，如图 5.30 所示。

图 5.30　正确放置电流计

8. 电调的校准

校准电调的目的是让电调记录遥控器油门行程的最低点位置和最高点位置，每次更换遥控器或电调后，都需要重新校准电调。

进行电调校准之前，要为遥控器和接收机对码，不同品牌遥控器的对码方式不同。笔者使用的是乐迪遥控器，对码步骤是：首先，打开遥控器，给接收机通电；然后，用一根细棍（如小螺丝刀）按对码开关 1~2 s。若接收机灯闪 8 次左右后停止闪烁，则表示对码成功。

电调校准基于所使用电调的品牌，所以要始终参考所使用电调的说明文档来查看特定信息。校准电调的方法有两种：一种是"多个电调同时校准"，适用于已经全部组装完毕的无人机；另一种是"手动逐个电调校准"，适用于单个电调的校准。在校准电调时，当一种方法失败时，可以尝试另一种方法。

方法一：多个电调同时校准（适用于组装完毕的无人机）。在校准电调之前，应确保飞行器上没有安装螺旋桨，APM 飞控没有通过 USB 连接计算机，锂电池也没有连接无人机。操作步骤如下：

第 1 步，打开发射机并将油门操纵杆置于最大，如图 5.31 所示。

第 2 步，将无人机连接锂电池。如图 5.32 所示，当 APM 上的红色、蓝色、黄色 LED 灯循环亮起时，拔掉电源。

第 3 步，依然保持高位，重新连接锂电池，此时 APM 进入电调校准模式。发出音乐声，"嘀"声的数量通常表示电池的芯数（3S 即为 3 声，4S 即 4 声）。之后的两个"嘀"声表示最大油门已被捕获。

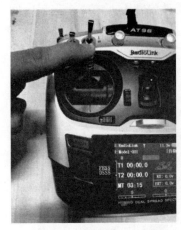

图 5.31　遥控器油门最高

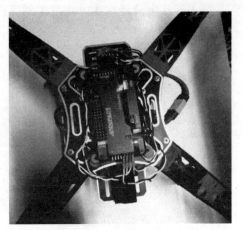

图 5.32　连接锂电池的无人机

第 4 步，把遥控器油门拉到最低，如图 5.33 所示。电调会发出长音，表示最小油门已被捕获，校准完成。电调现在是"激活"状态，如果把油门升高，电动机就会全部运转，这也就是在校准电调前一定要拆除螺旋桨的原因。

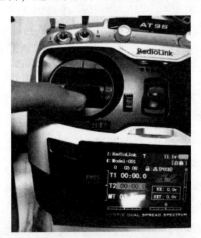

图 5.33　遥控器油门最小

第 5 步，退出校准。油门依然保持最低，然后断开无人机组电池并重新连接电池，此时无人机就进入正常飞行模式了。

方法二：手动逐个电调校准（适用于单个电调的校准）。在校准电调之前，应确保飞行器上没有安装螺旋桨，APM 没有通过 USB 连接计算机，锂电池也没有连接无人机。

第 1 步，将电调的 3P 信号线连接到遥控接收机的油门通道（通常为 3 通道）。如果电调信号线是 2P 线，则需单独为接收机供 5 V 电压。

第 2 步，打开遥控器，将遥控器油门操纵杆置于最高。

第 3 步，将电调供电线连接电池，会听到一段音乐声后有两次"嘀"声。在两次"嘀"声之后，表示电调已经记录遥控器最大油门。

第 4 步，将遥控器油门操纵杆迅速拉到最低，然后会听到几次"嘀"声。发出几声就代表所使用的电池有几片电芯。随后一个长"嘀"声表示遥控器油门最低已被记录，电调已完成校准。

第 5 步，断开电池，将剩下的所有电调都按照上述步骤逐个完成校准。

如果采用上述方法后出现电调不能校准的情况，则说明遥控器的油门通道可能需要设置反向。如果尝试了这些方法之后仍遇到问题（如电调仍旧响个不停），则可以将油门调低 50%。

9. 电动机转向的调整

在调整电动机转向之前，应确保飞行器上没有安装螺旋桨。

如图 5.34 所示，将四旋翼无人机机头朝上，4 个电动机中的左下电动机（2 号）和右上电动机（1 号）应该逆时针旋转，左上电动机（3 号）和右下电动机（4 号）应该顺时针旋转。

当完成本节介绍的电调校准后，将无人机重新上电。遥控器油门操纵杆保持最低并打开遥控器，解锁飞控后慢慢将油门操纵杆向上推，此时电动机开始旋转。仔细观察电动机的旋转方向，若有电动机转向与图 5.34 中的转向不同，则断开电源，将此不同转向电动机中与它相连接电调的 3 根线中任意两根交换，如图 5.35 所示，重新上电。推动油门会发现电动机转向改变，这和无刷电动机的三相交流特性有关。

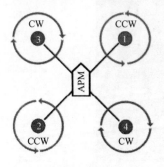

图 5.34　电动机转向图

图 5.35　改变电动机转向

10. 螺旋桨的安装

如果螺旋桨安装错误，在试飞时就很有可能出事故甚至造成不可挽回的损失。螺旋桨的安装规则如下：正桨（图 5.36）安装在逆时针旋转的电动机上；反桨（图 5.37）安装在顺时针旋转的电动机上。说明：这里所说的电动机转向是从上向下看确定的。

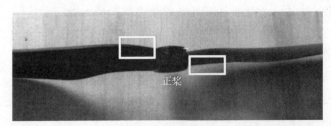

图 5.36　辨别正桨

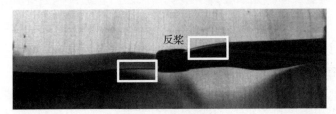

图 5.37　辨别反桨

　　安装螺旋桨时，一定要严格按照安装规则，还要把固定螺旋桨的螺母拧紧，使螺旋桨与电动机轴不会打滑。所有螺旋桨安装完毕后，应认真检查是否有安装错误。图 5.38 所示为螺旋桨安装正确的四旋翼无人机。

图 5.38　螺旋桨安装正确的四旋翼无人机

　　11. 飞控调参的设置

　　下面以早期的穿越机 FI 飞控 CC3D 为例介绍说明飞控调参设置，在介绍具体参数设置之前，先大概介绍一些 CC3D 的基本设置逻辑。

1）自稳模式

遥控设置界面中关于自稳模式的设置如图 5.39 所示。

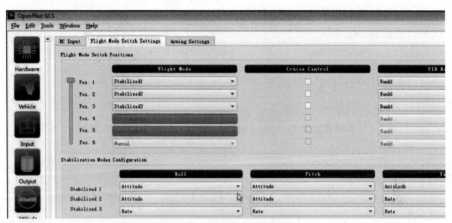

图 5.39　自稳模式设置界面

遥控器的三段开关分别关联 3 种 Stabilized（自稳）模式，每种自稳模式由 Roll（横滚）、Pitch（俯仰）、Yaw（偏航）自由搭配。每种自稳模式的下拉菜单中分别是 Attitude、Rate、AxisLock。

- Attitude：松杆后自动水平。
- Rate：飞机会保持当前角度运动，暴力飞行时采用。
- AxisLock：飞机会保持当前角度运动。与 Rate 不同的是，Rate 通过减少偏移角度实现，而 AxisLock 通过反向移动实现（飞控检测到向左偏移 5° 后会向右偏移 5°）。

2）基本自稳模式设置

CC3D 有自稳，而且在各种机型上都能飞得挺好。根据不同的飞机尺寸、质量、配置，合理定制飞行参数，能让四旋翼穿越机飞得更好。接下来的几个设置菜单都可以在 openpilot CGS 软件上的菜单栏里找到。基本自稳模式设置在 Basic 页面完成，参数简单，更改后效果明显。如果要调整飞机的运动姿态、反应速度，则可以在图 5.40 所示的界面进行配置。

图 5.41 所示的界面里有 3 个主要参数需要关注：

①Attitude mode（自稳幅度）：在非手动的自稳模式里，这个参数都有用，其值意味着允许飞行器倾斜的最大角度。

②Rate mode（最大反应速度）：这个参数在 Rate、AxisLock、Attitude 三个模式中有用，是满舵量时的偏转速度。其值意味着将遥控舵量打满时，飞机偏转的最大速度。所以，将 Attitude mode 除以 Rate mode，就得到飞机在满舵状态下的变向时间。

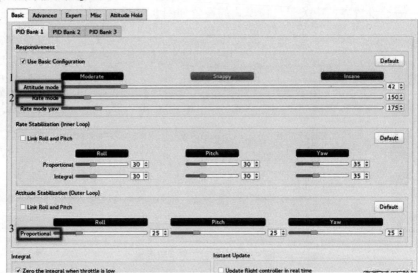

图 5.40 　主要参数的设置

③Proportional（自稳修正速度）：其值意味着飞机做偏转动作后恢复水平的速度，也就是操纵杆回中后，飞机自行回到水平状态的偏转速度。将 Attitude mode 除以 Proportional，就得到自动水平需要的时间。

Attitude mode 越大，飞行就越暴力、倾斜角度越大、速度越快，相应地，下洗气流会减少，需要补油门保持高度。

Rate mode 越大，飞机就越灵活，需要更快的操作手法和更高的精度。

Proportional 越大，自稳就越快，动作惯性越小。其实，这对高速穿越没什么好处，因为在高速穿越过程中，不断自稳回水平就像开车松油门自动踩刹车。

例如，按照图 5.40 所示的默认参数，当飞机处在水平状态时，向前满舵，飞机将在不到 1/3（42/150）s 时间内达到飞机限定的最大偏转角度（42°），松杆后在 2 s 左右恢复水平。

其他参数如图 5.41 所示，设置说明如下：

①Rate mode yaw（转向速度）：其值意味着机头转向的速度，与 Rate mode 单位一致。

②Zero the integral when throttle is low：低油门时，强制 I 值为 0。建议选中其复选框，有助于降低起飞时的偏转。

未做说明的参数都是手动模式的参数，可以自己根据手感进行试验。将所有数值调整完成后，保存（Save），这就是当前穿越机的 PID Bank1 中的参数。例如，以上设置生成的 PID Bank1 中的参数如图 5.42 所示。

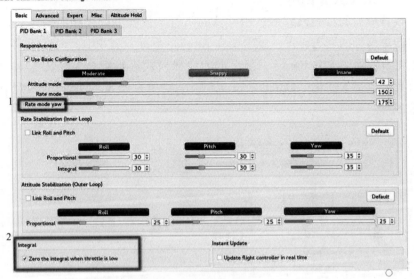

图 5.41 其他参数的设置

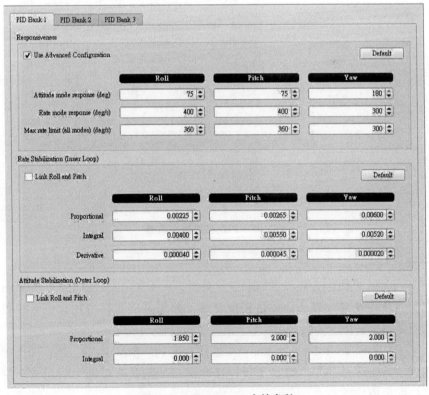

图 5.42 PID Bank1 中的参数

3）PID 参数精细调整

设置所需的自稳模式后，用默认的飞行参数就可以很顺滑地飞行。如果要进行更精细的姿态设置，就需要在 Attitude 界面设置 PID，根据需求设置不同的 PID 参数（PID Bank），与上面的自稳模式进行组合，如图 5.43 所示。其设置方式很人性化，数值保存完成后，只需要在图 5.43 所示的界面中进行设置即可。

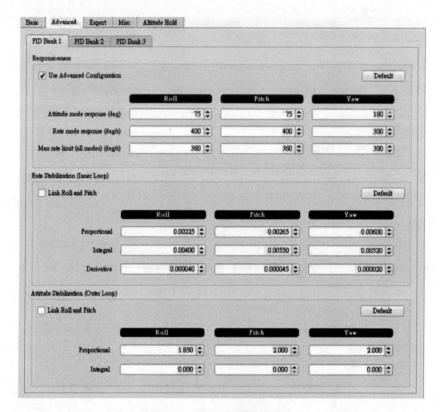

图 5.43　PID 参数精细调整

（1）Advanced 页面的设置。

Advanced 页面称为高级页面或进阶页面，图 5.43 中设置的 PID 参数内容和之前的基础设置一样，但单位精度更高，如果基础数据可用，也可将数据直接复制过来。图 5.44 所示为几个更高级的设置。

● Use Advanced Configuration：要选用进阶 PID Bank 配置，就要先选中该复选框。需要注意的是，每次重新连接地面站，默认为不选中状态，即配置为基础配置模式状态。

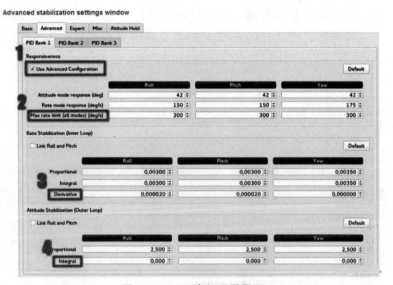

图 5.44　PID 高级设置界面

- Max rate limit（all modes）：该参数与基础配置模式中的 Rate mode 最大反应速度参数的性质一样，但该参数是一个全局参数，也就是在任何模式下这个限定都会起作用，而 Rate mode 只在 Rate、AxisLock、Attitude 3 个模式中起作用。另外，这个参数具有最高的优先级，也就是说，如果 Rate mode 的数值比 Max rate limit 的数值大，则起作用的是 Max rate limit 的数值。
- Derivative：设置 Rate 模式下的 PID 控制器的 D 值。
- Integral：设置 Attitude 模式 PID 控制器的 I 值。

（2）Expert 页面的设置如图 5.45 所示。

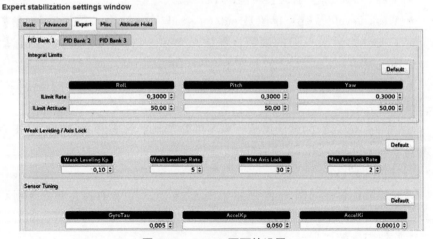

图 5.45　Expert 页面的设置

Expert 页面称为专家页面，这个页面和基础页面一样重要，其数据更改后的效果立竿见影，比 Advanced 模式的调整效果更加明显。该页面的重要参数如图 5.46 所示。

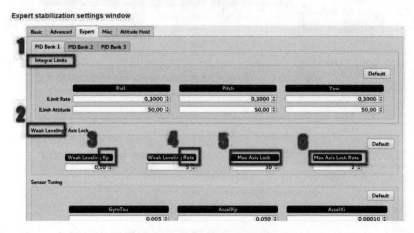

图 5.46　Expert 页面的重要参数

● Integral Limits：PID 控制器中的 I 值限幅。对于一台配置良好、重心平衡的飞机，可以不设置 I 值；如果使用了不规范的配件，或者重心因为电池摆放而有所偏移，那就需要通过设置 I 值来抵消这些偏移。这里面的数值单位是百分比制，意味着若数值是 0.1，则 PID 控制器 I 值的输出最多达到满量程输出的 10%。该项限制是为了防止积分饱和，使用了遇限削弱积分的方法。

● Weak Leveling：有缓慢自稳的 Rate 模式。

● Weak Leveling Kp：单位是 $rad/(s \cdot rad^{-1})$，这个参数与 WLR 参数共同确定了飞行器激活自稳的度数，算法是 WLR/WLK。如果这个数值过大，将导致飞机振动。

● Weak Leveling Rate：在 Weak Leveling 模式下，恢复水平的最快偏转速度，单位是 rad/s。

按照图 5.46 所示的默认参数，当飞机处于水平状态时向前满舵，飞机将在不到 1/3（即 42/150）s 的时间内达到。

4）遥控器设置

遥控器设置界面如图 5.47 所示。图 5.48 所示菜单中的大部分选项和前述介绍的 GCS 调整控制器参数的意义相似，只是此处参数的数值会随着遥控器端的旋钮变化而变化。

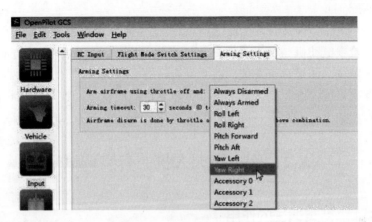

图 5.47 遥控器设置界面

图 5.48 遥控器设置界面

5.1.4 安装完成后的检查内容

安装完成后，为了安全，主要进行如下检查。

1）电池

电池在整个设备中属于比较危险的器件，在运作一段时间后，应检查电池是否有鼓包或其他异常情况。若存在异常，则更换电池，并妥善处理损坏的电池。

2）电路

检查电路时，首先检查接口是否有过于发烫（或者焊接松动）之处，如果有，就要检查线路是否短路（或重新焊接）。

3）电调

此时尚未起飞，电调的问题一般不会显现出来，但需要确认电调与电动机是否匹配。

4）电动机

除了检查电动机与电调是否匹配，在经过测试启动后，还要查看电动机是否过于发烫，如果过于发烫，就要更换新的电动机。

检查这4项内容，是为首次飞行做好充足的准备。而在每次飞行完成后，进行这些检查也可以为下一次飞行做准备。

5.2　四旋翼无人机的有桨调试

5.2.1　有桨调试的作用

在开始调试之前，应了解有桨调试的作用，做到有的放矢。有桨调试是指对安装完成的飞行器（4个螺旋桨也安装在电动机上）进行的一系列安全检查和调试。由于此时已经安装了螺旋桨，因此现在的飞行器如同上弦的箭，在启动时必须注意安全，避免造成伤害。最好的方式是人员远离飞行器（确保都距离飞行器2 m以上），这样就保证了大部分人的安全。除了安全问题外，还要注意以下两点。

（1）有桨调试是在安装螺旋桨片以后的测试。所以，必须在安装桨片前就将飞控板和电调断电；安装桨片时，注意是正桨还是反桨，要针对不同的电动机安装；安装完桨片后，要检查是否固定牢固。

（2）在安装桨片后，就开始调试工作。在这个调试过程中要使桨片转动，必要时要让飞行器起飞一定高度进行测试。因此，这一过程中对飞手的经验要求很高，新手要不断练习，积累调试经验。

5.2.2　有桨调试前的检查

在飞行器飞行时，必须时刻注意安全。首先，保证人身安全；其次，保证器械不会受到过度损伤。在确认飞行器安全后，也不能掉以轻心。

在进行有桨调试前，应检查以下几方面。

（1）确认油门行程已经校准。

（2）检查螺旋桨是否已经固定牢固。由于电动机在转动时的速度很快，如果桨片固定得不牢固，就很容易脱离电动机，伤到周边的人，所以务必认真检查。

（3）确认桨片完好无损（对于出现裂纹的桨片，尽量不要使用）。由于电动机的转速较高，因此任何裂纹都有可能造成桨的断裂，进而伤到人。此项必须认真检查。

（4）确认电动机旋转方向与桨片匹配。此项是用于核实在螺旋桨转起来时为飞控提供的是向上的升力，而不是向下的压力。

（5）确认发射机（遥控器）电量充足。只要保证电池可以用到调试完成即可。

在调试之前，应检查这些项目，以保证在调试过程中操作人员和飞行器的安全。

注意：即使做了这些检查，也不能保证完全的安全。在检查时，还要注意其他情况，如短路、接口接触不良、电池电量不足，或有损坏的机架、螺旋桨裂纹等。只有注意了所有细节，才能保证每次飞行的安全。务必注意到一切不正常情况，以免发生危险。

5.2.3　有桨调试的方式

在有桨调试中，调试的方式很重要。必须以规定的方式，按照指定步骤进行操作和检查，做到不重不漏。即使漏掉一个步骤，都有可能会成为以后的安全隐患。

注意：在完成 5.2.2 节的检查和了解注意事项后，才能进行下面的操作。

调试步骤如下。

第 1 步，不要急于把桨安装到电动机上。在没有进行发射机校准前，应进行调整，此时不能安装桨片。校准发射机时，最主要的是微调中点校准和油门行程校准。这些内容在 5.1 节中已经说明，此处不再赘述。

第 2 步，安装螺旋桨。对于不同的电动机和桨片，安装方式可能会有所不同，本部分只按照笔者使用的电动机和桨片安装。安装方式如下。

（1）选择安装的桨片。在飞行时，电动机带动桨片转动，桨片与空气产生作用力，桨片就会获得反作用力，从而使飞行器起飞。但由于电动机的转动方向不同，因此如果装错了桨片就会使得飞行器获得相反的力。在这种情况下，不但不能起飞，反而会损坏飞行器，甚至伤到周边人员。

（2）固定桨片。桨片的固定方式与电动机和桨片种类有关系。安装时，应将桨片固定牢固，且不能损坏桨片。

第 3 步，测试飞行。在测试过程中，可以看到飞行器是如何飞行的。操作过程如下。

（1）接通电源，连接发射机。在确认一切正常后，就可以接通电源，然后打开发射机开关，等待发射机与接收器连接。

（2）解锁飞控。在接通电源并连接发射机后，让飞行器附近的其他人员远离，并确保附近有一定的空间供飞行器飞行，这样就可以开始解锁。

（3）推动油门，开始起飞。缓慢推动油门，不要移动其他操纵杆。注意观察飞行器的起飞状态。在飞行器起飞时，注意飞行器的起飞姿势。如果出现较大的偏斜，则应马上拉下油门，避免出现意外，并锁定飞控、断开电源，然后检查问题所在，待排除问题后，重新开始测试。

（4）检查方向控制。检查完成油门控制无误后，即可检验遥控器在其他通道的使用。来回轻微地移动操纵杆，检查飞行器能否按照指令完成相应的飞行。若不能完成相应的飞行，则缓慢拉下油门，让飞行器平稳着陆，锁定飞控、断开电源，然后排除遇到的问题。

注意：这一步骤需要反复实验多次，尽可能多地发现问题并解决问题。

至此，已完成所需的检查。认真按照这几个步骤完成检查，就可以保证首次飞行的安全了。

5.2.4 调试完成后的首飞

1. 首飞步骤

首飞时，要注意平稳起飞、平稳降落。首飞操作步骤如下。

第 1 步，选择场地。飞行器的飞行需要较为安全的环境。一是为了保证人员安全；二是为了保证飞行器的安全。所以，在首飞时需要选择一个开阔的场地（尤其对于新手，更要选择开阔的场地），并且人流量必须很少。

选择了开阔的场地，并非就能高枕无忧了，符合飞行所需的天气条件也很重要。首先，因为飞行器没有任何防水措施，所以必须在不下雨和不下雪的天气下飞行（最好也不要选择有水潭的地方）。其次，不能有较大的风。如果风过大，就会增加飞行难度，对飞手来说无疑是一项巨大的挑战。再次，如果选择在离家较远的场地，就需要考虑电池的问题。因为一块电池飞行的时间可能在 $10 \sim 20$ min 之间（如果有高容量电池，则可能时间长一点，但也不会太长），要想要飞久一些，就需要多准备几块电池。

第 2 步，首飞前的检查。检查是一项严谨工作中的必须操作。

（1）检查机架螺丝是否固定牢固。

（2）检查电动机是否完好，并且固定牢固。

（3）检查电调是否完好。

（4）检查飞控板是否已经固定牢固、电池是否电量充足，并确认是否有鼓包或有其他异常（如有异常，尽量不要使用）。

（5）检查线路是否固定牢固，并确保没有线路短接。

第 3 步，接通电源。确保检查无误以后，就可以接通电源。注意：安全操作，不要触电。

第 4 步，解锁飞控。接通电源，经过几秒钟的等待，发射机就会自动连接接收机，并且启动飞控板。如果接收机没有连接上发射机，就重新设置它们的连接。此外，应注意区分美国手和日本手，还要注意解锁后保持油门位置最低。

第 5 步，起飞。这将是飞行器的第一次"自由自在地翱翔"。建议在第一次飞行时携带调试说明书、备用的正反桨 1 ~ 3 对、备用电动机和备用电调各 1 ~ 2 个。情况允许时，可以携带包含烧录程序的笔记本电脑，并携带烧录线。起飞的操作仅需要慢慢推动油门，在飞机快离开地面时，应控制飞行姿态，以平稳起飞。然后，稍微调整油门，使飞行器平稳地飞行在某个高度。

第 6 步，飞行过程。在起飞后，需要使用操纵杆来控制飞行器做一些简单的动作，了解飞行器在接收发射机的指令后能否正确处理。同时，这也是训练飞手的操控能力。新手在操作时，飞行器的飞行方式可能会不稳，只要长时间练习，就会飞得越来越好。

第 7 步，降落，并锁定飞控。在飞行过程结束后，让飞行器平稳降落，应缓慢地拉下油门并保持飞行器平稳飞行。待飞行器开始降落时，油门停止向下拉，此时保持飞行器慢慢下落的趋势即可。待飞行器接近地面（距离地面 15 ~ 20 cm）时，让飞行器保持当前高度 3 s 左右。然后，再次缓慢让飞行器降落，并在距离地面 5 cm 左右时继续拉下油门，直至飞行器着陆。随后，将油门拉到最低。注意：此时不要随意接近飞行器，而是应先将飞行器锁定。锁定飞行器后，就可以接近飞行器了（在锁定以后推动油门，不会使得飞行器电动机转动）。

第 8 步，检查飞行器。降落锁定的飞行器，随后断开电源。检查飞行器的磨损度，查看电线是否有破损，检查各种接口处是否有破损。如果有较大的破损，则应及时更换，以免影响下一次飞行。

第 9 步，整理飞行器。在调试完后，整理飞行器时应注意：断开电源，将飞行器相关物品收拾进收纳盒，并将垃圾收拾干净。

2. 首飞测试任务

首飞测试主要是指在飞行器起飞后的一段过程中进行的相关测试。其中，测试内容包括油门测试、偏航测试、俯仰测试和滚转测试。这几项分别对应发射机上操纵杆的 4 个通道。

1）油门测试

油门直接控制的是 4 个螺旋桨的转速。转速越高，所提供的上升的力度就越大。首先，因为飞行器在飞行时保持质量不变，所以在飞行过程中只需要提供与重力等大的反向力（也就是上升力），即可保持飞行器的高度（在此排除了风对飞行器的影响）。当需要提高飞行高度时，可以推动发射机的油门操纵杆，使飞行器的所有螺旋桨都提高转速，此时飞行器就会提升高度。如果想要飞行器高度下降，只需拉下油门，这时飞行器的所有螺旋桨都降低转速，飞行器就会开始下降。操作油门的推拉时，请区分美国手与日本手的操作方式。

油门操作的作用就是保持、提高和降低飞行器的高度。在油门测试中，也要围绕这几点进行测试（当然也要注意其他操纵杆，不要让飞行器到处乱飞）。测试时，需要反复进行测试：首先，推动油门，使飞行器高度提升；其次，到达一定高度后就拉下油门，飞行器会慢慢下降；最后，在快到达指定高度时，缓慢推动油门，使飞行器停止下降，并保持一定高度。需要注意的是，因为没有自稳功能，所以对保持高度可能有些难以操作，需要多练习。

2）偏航测试

偏航，顾名思义就是偏离航向。一般来说，偏航是指机头的朝向发生改变，飞行器会随之改变前进方向，也就是改变了航行方向。在四轴飞行器中，改变航向的方式不是使用舵机而是通过改变桨的转速来完成偏航的操作。若要理解四轴飞行器的偏航，需要先了解扭矩。在螺旋桨旋转时，固定该螺旋桨的机架会受到一个力（力学中称为力矩）作用，这会带动机身跟随螺旋桨一起转动，这就是产生的扭矩。为了抵消这种力，直升机添加了尾桨。在四轴行器中，我们可以利用这种力完成偏航的操作。

在测试时，偏航操作是由油门操纵杆的左右方向决定的。所以，在测试偏航时需要左右摆动油门操纵杆，而其他操纵杆要配合保持飞行器稳定。注意：如果没有推动操纵杆使飞行器前行，而左右摆动油门操纵杆，就会导致飞行器原地旋转；在前行状态下使用偏航操作，就会出现转弯的效果。所以，飞手可以借此来判断通道选择和电调顺序是否正确。

3）俯仰测试

俯仰是使飞行器执行前行和后退的操作。当机头俯下就会前行，当机头仰起就会后退（在直升机里是一样的效果）。在四轴飞行器中实现这种效果也是通过螺旋桨的选择速度控制的。如果想要机头仰起，则需要降低尾部螺旋桨的速度，增加机头螺旋桨的速度，但同时应该保证对角线上的两对桨的速度比相同。这样就能保证机头仰起，而且不会出现偏航的操作。俯冲操作与此正好相反。

在进行测试操作时，需要用到发射机的右侧操纵杆（美国手的发射机在右侧，而日本手的发射机则在左侧）。向前推动操纵杆即俯冲，向后推动操纵杆即仰起。也就是说，向前推动操纵杆，飞行器向前飞；向后推动操纵杆，则飞行器后退。反复测试几次，若有异常可以进行调整，然后再次测试，直到完成测试内容。

4）滚转测试

滚转的操作原理与俯仰操作的原理类似，只是其运动方向有所改变。与俯仰操作相同，滚转操作时，四轴飞行器的一侧（左移时为左侧，右移时是右侧）的螺旋桨转速会下降，而另一侧的转速会增加。这样就会完成滚转操作。理论上，在执行该操作时机头朝向不会改变，但实际情况会有所不同。所以在执行操作时，需要不停地调整飞行器的机头方向，以确保飞行器机头方向不会改变。在测试操作时，进行滚转操作的是右侧操纵杆（这里指的是美国手，日本手的发射机在左侧）。此操纵杆的左右摆动即滚转操作。其操作方式与俯仰操作类似。

注意：操作的幅度不宜过大，每个操作的时间也不宜过长；否则，飞行器移动距离较远，可能移动出活动范围或视距范围。

第6章

飞行模拟训练

考虑到飞行器的成本比较高并且有很大的安全隐患，因此对初学者来说，练习模拟器是成为一名无人机飞手的第一步。

模拟器可以提供包括固定翼、直升机和多旋翼等机型的训练，而且模拟器的飞行数据完全来自真机，操控模拟器可以获得和操控真机一样的操控体验。练习模拟器的意义在于训练操控无人机的方法，养成良好的操控习惯，建立条件反射。只有对所有操作都熟练后，操作使用真机时才能得心应手。

6.1　模拟器安装与设置

6.1.1　模拟器训练软件

目前市面上的模拟器软件种类很多，主要有 Phoenix RC、RealFlight、Reflex XTR 等模拟器。

1. Phoenix RC 模拟器

Phoenix RC 模拟器是由德国菲尼克斯电气集团设计的，是目前最流行的一款模拟器。使用该软件，可以迅速掌握多种复杂操作。Phoenix RC 模拟器包含上百种固定翼和直升机的模型，能满足新手练习的需要。Phoenix RC 模拟器的最新版本为 RC5，相对于其他版本来说，这个版本的模型更多，使用者可以体验更多飞行器。

2. RealFlight 模拟器

RealFlight 模拟器是 Windows 操作系统的一款模拟飞行软件，其拥有细腻的设定，在目前各模拟器中拟真度最高。

1）优点

（1）画面细腻、流畅，能即时运算的三维（3D）场景，从机体排烟的浓淡到天空云彩的颜色都可自行定义。

（2）飞行模组及对风的特性拟真度极高，30 级与 60 级直升机飞起来的差别很明显。

（3）可任意选择持续风、阵风、随机风向；还可实现全部同时产生，此时会发现 F3C 的静态基本功的重要性。

（4）具有网络连线功能，可与他人连线飞行。

（5）具有录影功能，可录制飞行档。观看飞行档时，还可以显示操纵杆的动作。

（6）飞行中可在画面上显示机体各项数据，如螺距、主旋翼转速等。

（7）版本更新快，并可线上更新。

（8）音效佳，引擎及主旋翼的声音都栩栩如生。在飞行中播放自选背景音乐（MP3 挡位），对 3D 比赛选手很有帮助。

2）缺点

（1）硬件需求高，显示卡是关键，没有高档的显示卡根本跑不动。

（2）安装困难。这是这套模拟器最为人诟病之处。

3. Reflex XTR 模拟器

Reflex XTR 模拟器简称"XTR 模拟器"，主要适用于新手使用模拟器练习飞行，可以在很大程度上减少摔机的概率，为用户节约飞行成本。

XTR 模拟器可以直接连接计算机和遥控器，其手感和设置与真正的模型飞机完全相同，只是视觉效果稍有不同。此外，XTR 模拟器不受场地、天气、设备的影响，只要有一台计算机就可以随时随地进行模拟飞行。

XTR 模拟器内含几十种直升机、固定翼飞机、滑翔机等飞行器模式，使用者还可以对自己的飞行器和飞行环境进行设置，模拟不同机型在不同环境中的飞行。

XTR 模拟器设有专门的练习模式，从易到难，使用者可以有针对性地练习各种动作，如固定翼吊机练习、直升机悬停练习、倒飞练习等。

与其他模拟器不同的是，XTR 模拟器可以在局域网中多人联网飞行，让使用者体验多人同时飞行的乐趣。

6.1.2 Phoenix RC 模拟器安装

接下来，以 Phoenix RC 模拟器为例，介绍模拟器的安装方式。其他品牌模拟器的安装方式大同小异。

　　Phoenix RC 模拟器安装包可以通过网络下载或者购买 Phoenix RC 模拟器加密狗套装（内含加密狗和安装光盘）两种方式获取。笔者推荐购买模拟器光盘，光盘内除了 Phoenix RC 模拟器外，还有 RealFlight 等模拟器软件，而且光盘中含有模拟器运行所需的一系列插件等，更方便新手安装。为了获得更好的训练效果，推荐准备 Futaba T8 或 G14 遥控器，也可以选择 MC6 或 FS－i6 遥控器等。

　　Phoenix RC 模拟器的具体安装步骤如下：

　　第 1 步，双击 autorun 文件，进入自动安装界面，如图 6.1 所示。

AeroFly_1.97	2014/3/12 10:57	文件夹	
DirectX90c	2014/3/12 10:57	文件夹	
FMS	2014/3/12 10:57	文件夹	
FontData	2014/3/12 10:57	文件夹	
PhoenixRC_4.00.m	2014/3/12 10:58	文件夹	
readme	2014/3/12 10:59	文件夹	
RealFlight G6_6.50.014	2014/3/12 11:07	文件夹	
Reflex XTR_5.03	2014/3/12 11:09	文件夹	
Virtual RC Racing 2	2014/3/12 11:10	文件夹	
www.FeiYingModel.com	2013/5/16 14:39	文件夹	
autorun	2013/8/30 14:41	应用程序	2,378 KB
autorun	2013/5/16 14:39	Kankan ICO 图像	5 KB
autorun	2013/8/30 14:42	安装信息	1 KB
autorun.tgt	2013/8/30 14:42	TGT 文件	343 KB
demo_SimSwitcherXin1	2012/3/29 22:18	应用程序	5,020 KB

双击该文件

图 6.1　模拟器安装文件

　　第 2 步，安装模拟器，顺序如图 6.2 所示。首先，安装模拟器控制台，为模拟器运行提供平台支持；其次，安装驱动 DirectX90c，提供模拟器运行所需的插件（如果在网上下载模拟器安装文件，则需要先更新 Direct 插件，否则无法打开模拟器）；最后，安装 Phoenix RC 模拟器。推荐先练习 Phoenix RC 模拟器，待熟练之后再安装 RealFlight 等模拟器练习。

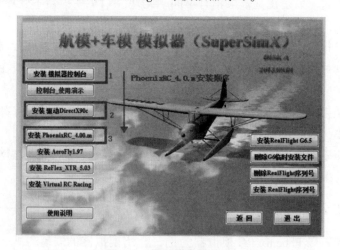

图 6.2　模拟器安装顺序

第3步，连接加密狗和遥控器。打开模拟器控制台，在桌面任务栏中选择相应的模拟器软件。如果未连接加密狗，则会显示未检测到加密狗。

（1）打开 Phoenix RC 软件，更新系统到 Phoenix RC 新版本。新版本中提供了 DJI 精灵系列模型下载，建议练习多旋翼的新手下载该模型练习。

（2）安装完成后，首次打开该软件会提示语言选择。在此，选择第二个选项"Chinese_GB"，不要选择"Chinese Big5"。

6.1.3　模拟器的一般配置

Phoenix RC 模拟器安装完成后，还需要一些准备操作（如配置遥控器、了解模拟器内各项菜单内容等）才能进行飞行训练。下面先介绍如何配置模拟器的遥控器，因为当遥控器首次连接计算机时，系统需要了解这款遥控器的最大行程量、各通道设置等参数。遥控器的配置步骤如下。

第1步，选择"系统设置"→"配置新遥控器"，如图 6.3 所示。

图 6.3　"配置新遥控器"的菜单

第2步，进入图 6.4 所示的界面，根据"设置新遥控器"向导进行操作。

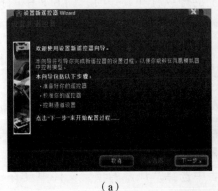
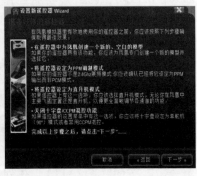

（a）　　　　　　　　　　　　（b）

图 6.4　"设置新遥控器"向导界面

第3步，单击"下一步"按钮，进入图6.5所示的界面，保持所有遥控杆在中立位置，其他挡位归位。通过这一步，系统可以识别遥控器的所有通道的中立位置，如图6.6所示。

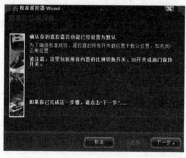

图6.5 "校准遥控器"向导

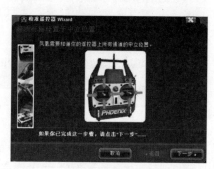

图6.6 所有操纵杆置于中立位置

第4步，操作遥控杆"画圈"，即朝所有方向都推到顶，并确保操纵杆接触到了四角，让模拟器系统了解操纵杆的最大行程，如图6.7所示。完成后，单击"下一步"按钮，检查校准效果，如图6.8所示。

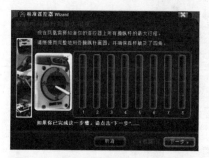

图6.7 移动所有操纵杆到最大限度

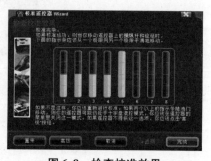

图6.8 检查校准效果

如果校准成功，则当移动遥控器上的操纵杆和旋钮时，图6.8中的指示条应该从一个极限到另一个极限平滑地移动，然后单击"完成"按钮；否则，应该重新校准，就单击"重来"按钮。

说明：还可以设置起落架和襟翼的开关，采用模拟器飞行一般用不到，这里省略。

第5步，完成以上步骤后，遥控器已经和模拟器配置完毕。接着，设置遥控器各个通道的功能，如图6.9所示。单击"下一步"按钮，如图6.10所示，从列表中选择与自己使用的遥控器控制方式和操作习惯相近的一个。单击"下一步"按钮（图6.11），在列表中选择"凤凰的预置文件中没有与当前遥控器所匹配的"，创建一个自定义的配置文件。单击"下一步"按钮，输入配置文件的名称，如图6.12所示。

图 6.9　控制通道设置 1

图 6.10　控制通道设置 2

图 6.11　创建一个配置文件

图 6.12　输入配置文件名称

　　第 6 步，单击"下一步"按钮，如图 6.13 所示，将所有操纵杆置于中立位置，确保所有二段开关处于关闭/正常位置，完成后单击"下一步"按钮，如图 6.14 所示。将想用来控制模型上引擎的操纵杆移动到最高位置，在此过程中尽量不要移动任何其他操纵杆、开关或滑块。成功完成这一步后，相应通道的指示条将出现，如图 6.15 所示，还会出现"下一步"按钮。也可以在图 6.14 所示的界面中单击"Skip"（跳过）按钮来跳过对此通道的设置，此时将遥控器的油门操纵杆推至最高位置。

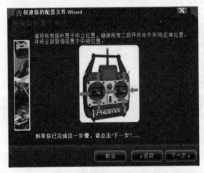

图 6.13　所有操纵杆置于中立位置

图 6.14　引擎控制 1

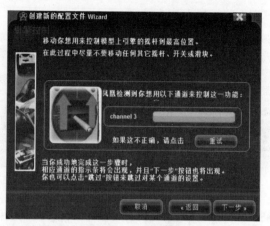

图 6.15　引擎控制 2

第 7 步，单击"下一步"按钮，进行桨距控制设置，如图 6.16、图 6.17 所示。多旋翼无人机没有桨距，在配置遥控器时，桨距和油门的设置一样，继续推油门。

图 6.16　桨距控制设置 1

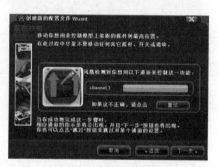

图 6.17　桨距控制设置 2

第 8 步，单击"下一步"按钮，进行方向舵控制设置，如图 6.18、图 6.19 所示。

图 6.18　方向舵控制设置 1

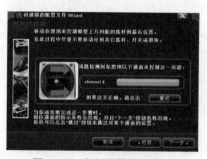

图 6.19　方向舵控制设置 2

第 9 步，单击"下一步"按钮，进行升降舵控制设置，如图 6.20、图 6.21 所示。

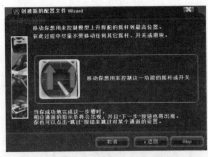

图 6.20　升降舵控制设置 1　　　　　图 6.21　升降舵控制设置 2

第 10 步，单击"下一步"按钮，进行副翼舵控制设置，如图 6.22 所示。单击"下一步"按钮，设置完成，如图 6.23 所示。

图 6.22　副翼舵控制　　　　　　　　图 6.23　设置完成

设置完成后，就可以开始训练了。

注意：如果在默认的模型库中没有所需的旋翼模型，则需要先将系统升级到 5.5 版本，再在设置的 Downloads 中下载。

Phoenix 模拟器包含上百种固定翼、直升机和多旋翼模型，能很好地满足新手训练的需求，同时可以自由选择飞行场景（2D 场景和 3D 场景）、飞行时的天气状况等。

注意：很多新手配置完遥控器后发现无人机很不稳定，总朝某个方向飘或者自己旋转，这通常就是在各通道设置时不准确。在各通道功能设置的菜单中，一定要按照箭头提示将舵先推到顶再下拉到底，不可只推一半或只下拉一半。

6.1.4　模拟器的控制通道设置

选择"系统设置"→"控制通道设置"菜单，进入分屏模式设置，如图 6.24 所示。单击"Pilot2"下的"disabled"，切换为"enabled"状态后，单击"Profile"图标进入控制通道设置，如图 6.25 所示，单击"完成"按钮，出现图 6.26 所示的控制界面。再次进入分屏模式设置界面，如图 6.27 所示，单击"Pilot2"下的"enabled"，切换为"disabled"状态后，单击"完成"按钮。

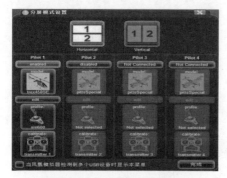

图 6.24　分屏模式设置界面

图 6.25　控制通道设置界面

图 6.26　控制界面展示界面

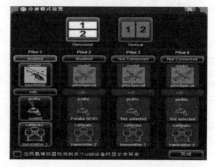

图 6.27　再次进入分屏模式设置界面

1. 通道设置

选择"系统设置"→"控制通道设置"，进入通道设置界面，常规设置内容与参数如图 6.28 所示。

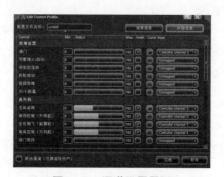

图 6.28　通道设置界面

2. 油门曲线

设置油门曲线的目的是把直线变化的油门变为曲线变化，以此提供不同的飞行模式，通过设置遥控器上的油门曲线，可以设置操纵杆与飞行器油门的配合，是电动机转速随油门增大而升高的变化曲线。

油门曲线（图6.29）的横坐标为操纵杆位置，纵坐标为油门大小。特技无人机就是利用设置油门曲线来实现旋翼保持再高转速进行倒飞和特技表演。

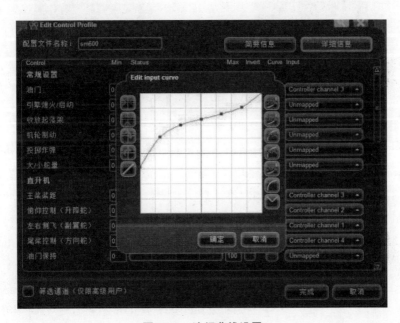

图 6.29　油门曲线设置

3. 螺距曲线

螺距的含义就是螺旋桨的角度的大小造成飞机螺旋桨旋转一圈在空气中上升的理论距离。螺距越大，螺旋桨的倾斜角度就越大，上升的理论距离变大，升力也相应变大。可通过改变螺距曲线（图6.30）来调整直升机螺旋桨的倾斜角度。在飞行过程中，如果螺旋桨的角度改变了，那么在电动机转速不变的情况下，飞机的升力也会发生改变。

6.1.5　使用注意事项

（1）每次飞行前，都要对模拟器和遥控器的参数、设置进行检查，养成飞前检查、飞后检查、定期检查的"三查"习惯，为真机飞行训练打下基础。

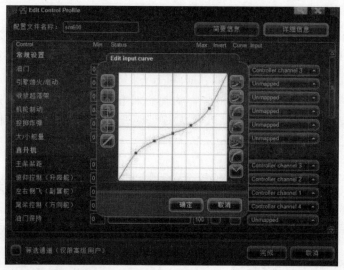

图 6.30　螺距曲线

（2）熟练地通过操纵杆对模拟器的飞行进行控制，能够在不看遥控器的情况下也能对飞机进行精准控制。

（3）训练前，对本次训练制订计划，并严格完成。

（4）训练时，应加强对飞行航线、着陆、起飞的练习。

（5）强化紧急和特殊情况下，对飞机的控制做到出现情况不慌乱，能灵活应对、及时处理。

6.2　单通道模拟训练

在了解了模拟器的安装和使用方法，并做了必要的准备工作后，就可以进行无人机模拟训练了。模拟器的训练比较枯燥，需要耐心，但是不能忽略模拟器的重要作用。只有打下扎实的无人机操控基础，才能减少在实际飞行操控中发生危险的概率。安全是无人机操控需要注意的首要事项。

模拟器操控训练的内容主要有单通道悬停、双通道悬停、全通道悬停三大类，本节先从单通道开始训练，训练时只开放升降通道或副翼通道时无人机的控制。

6.2.1　训练科目

1. 仅升降舵悬停训练

在菜单中选择训练模式下的悬停训练，在"设置"菜单选择"仅升降舵"，这时遥控器上只有升降舵有效；在"方向"菜单选择"后面"（代表飞手站在无人机后方，即对尾）通过控制升降舵来实现无人机悬停。完成对尾仅升降舵后，再完成对头（即飞手站在无人机机头前方）和对侧（即飞手站在无人机的侧面）的悬停训练。

2. 仅副翼悬停训练

在悬停训练"设置"菜单中选择"仅副翼"，这时遥控器上只有副翼舵有效；在"方向"菜单中先设置为后面（即对尾），通过控制副翼来实现飞机悬停。完成对尾仅副翼舵后，再完成对头和对侧的悬停训练。

6.2.2　训练标准

（1）站姿和握控姿势正确，遵守操作规程或实训室实习规程。

（2）无人机稳定悬停；仅升降时，机头前后方向（仅副翼时机头左右方向）偏移均不超过 2 cm；无错舵；悬停时间在 1 min 以上。

（3）无人机出现飘移时，能迅速打舵使无人机重新悬停。

6.2.3　训练过程

对于新手，单通道训练是入门训练项目，主要训练内容是对舵位的认识、打舵的手感，以及对头和对侧的方位感。

1. 仅升降舵单通道操控

仅升降舵的对尾悬停是单通道训练中最简单的一个项目，因为对尾的方位判断和飞手的主观判断一致，不会错舵，而且升降舵控制在视觉上比仅副翼更容易稳定。在此训练过程中，重点是找到压舵的感觉，不可反复打舵，而且尽量保证无人机在任何方向的速度都不能过快，一旦速度加快，对新手而言再想稳定下来就不太容易了。要想无人机稳定，就要遵守两个根本原则：第一，小舵量，舵量最好不超过半格；第二，打舵纠正误差速度要快。新手应尽可能利用单通道训练找到自己控制无人机的手感，特别是养成正确的握杆姿势习惯。

下面列举几个在开始练习单通道时容易发生的错误。

1）钟摆运动

新手在练习时，无人机始终在做钟摆运动，无法稳定下来。对于这个现象，需要将无人机的整个运动分解为 3 个过程：往前运动→往前到往后中间的停顿→往后运动。导致钟摆运动的原因是：新手在看到无人机往前飘远后会猛打舵，让无人机停止往前运动。可是猛打舵对于无人机的稳定性影响非常大，当无人机快速往后运动时，如果再猛往前打舵，就会打破无人机的动态稳定，使无人机速度加快。这样周而复始，就呈现钟摆运动，无法稳定。要克服这个问题，需要改变打舵的错误方法，尽量避免猛打舵，不要让速度加快。在操控中还要努力掌控无人机运动 3 个过程中的停顿过程，因为无论无人机飞行的速度有多快，从一个方向的运动转到另一个方向的运动时都会存在中间停顿点。利用停顿点迅速反向打舵调整，同时减小打舵的舵量，反复练习，就能做到无论无人机怎么动，都能很好地稳住无人机。

2）无人机失控炸机

很多新手在练习时，无人机时常失控飞远了（又称"炸机"）。对于这种情况，应加强练习，加快打舵的反应速度，不要等无人机已经飞远还没有打舵纠正。正确的做法是：仔细观察无人机的运动姿态，在无人机即将往前运动时，以非常微小的舵量拉杆，若无人机又往后走，就用更小的舵量往前推杆，直至无人机悬停稳。

在仅升降舵对尾悬停稳之后，就可以进入仅升降舵对侧和对头悬停训练了。对侧和对头的操作相似，只是在对尾的基础上改变了方位，飞手观察无人机的方位变成侧面和前面。初学者要养成以无人机的方位作为打舵依据的习惯，想象成自己坐在无人机的驾驶舱中驾驶无人机，即以 FPV（first person view，第一人称视角）视角驾驶无人机，如图 6.31 所示，这样就不存在对侧或者对头等方位变化，尽可能避免以自己的方位来判断无人机的方位。在单通道对侧和对头的训练中，要形成正确打舵的条件反射，以最快的反应速度正确进行打舵，绝不能错舵。

图 6.31　FPV 视角控制

2. 仅副翼舵单通道操控

与仅升降舵相比，仅副翼舵的操作在无人机偏差的判断上更加明显，因为升降的运动方向垂直于飞手视野，副翼运动方向则与飞手视野平行。对初学者来说，刚接触副翼舵操控时会觉得比升降灵敏很多，其实这是很正常的。

可以按升降舵操控的方法来操控副翼舵，多练习几次就能掌握。

在操控副翼舵的过程中，有一点会更加突出——压舵的姿势，切勿反复打舵。前面提到，副翼舵单通道无人机的运动看起来会比升降舵单通道更加明显，因此在操控中更加需要对无人机进行精准控制。在副翼舵控制中的常见问题类似于升降舵中的问题，如钟摆运动、失控炸机等，而且副翼舵中会更加明显。因此，切勿心急，无人机从一个运动状态到下一个运动状态需要一定时间，如操控正在往右运动的无人机往左运动时，飞手需要小舵量压住左副翼，等待向右的速度慢下来，直到停止。接下来，继续压舵，如图 6.32所示，无人机会开始往左运动。所以，在无人机即将往左的一瞬间，操控副翼舵回中或向右轻轻压一下，无人机就会趋于稳定。一旦心急而反复打舵，就只会看见无人机反复钟摆运动，根本无法稳定下来。

图 6.32　压舵姿势

注意：务必扎实练习单通道中对头和对侧的方位判断及正确打舵，决不能有错舵的情况。如果单通道开放情况下的方位判断都不熟练，对双通道和全通道对头和对侧操控就更加无法完成，所以一定要建立对头和对侧操控时的正确条件反射，避免因方位判断而浪费时间。

6.3　双通道模拟训练

完成单通道悬停训练之后，本节开始训练升降舵和副翼舵同时开放情况下无人机的操控，也就是双通道模拟训练。

6.3.1　训练科目

双通道即升降通道和副翼通道同时开放。与单通道相比，初学者同时兼顾无人机机头前、后、左、右四个方向的稳定难度很大。6.2 节已经对升降舵和副翼舵的操控方法进行了详细介绍，在双通道训练中，升降舵和副翼舵的操控方法与之相同，唯一不同的是需要同时操控这两个舵杆。

在菜单中选择悬停训练，在"设置"菜单中选择"升降舵＋副翼"，即双通道悬停训练，这时遥控器的升降舵和副翼舵同时有效，通过控制升降舵和副翼舵来实现飞机稳定悬停。先完成对尾（后面）的双通道悬停训练，再完成对头（前面）和对侧（左边和右边）训练。

6.3.2　训练标准

（1）站姿和握控姿势正确，遵守操作规程或实训室实习规程。

（2）无人机稳定悬停，前后方向和左右方向偏移均不超过 2 cm，悬停时间在 1 min 以上。

（3）双通道对侧和对头情况下无错舵。

（4）当无人机出现飘移，能迅速打舵使无人机重新悬停。

6.3.3　训练过程

经过单通道训练，飞手已经掌握了打舵的要领，而且在单通道练习中强调的压舵方式也要养成习惯，切勿反复打舵。在单通道训练中，反复打舵的危害可能表现得还不是很明显，因为只需要操控一个舵杆；但是，双通道训练同时操控两个舵杆，注意力容易分散，反复打舵更容易导致无人机失去平衡，因此危害更明显。

下面介绍在双通道训练中的常见问题。

1. 某方向的速度加快，直至"炸机"

在双通道训练中，副翼和升降都开放，飞手需要同时注意前、后、左、右四个方向上无人机是否发生飘移，有时会感觉自己的反应速度跟不上无人机的飘移速度，结果无人机越来越不稳。而且，对初学者来说，同时协调两个舵位的操作也存在很大的麻烦，往往顾此失彼。

初学者出现这种问题是很常见的，不必太在意，这是训练中都会经历的过程。通过反复训练，逐渐能熟练地进行准确打舵，基本消除错舵，该问题就会迎刃而解。

2. 无人机原地打圈，无法稳定

有的初学者在刚开始接触双通道训练时，无人机会原地打圈，始终停不下来，也有一部分是反复打舵的原因。反复打舵，就会给无人机施加过多指令，无人机一直在按照打舵指令在运动，根本无法稳定下来。所以在双通道训练中更要养成压舵的习惯，减少打舵频率。如果无人机已经在打圈，那么飞手就要压着升降舵，让它在纵轴方向慢慢趋于稳定；同时，飞手可以将注意力集中到横轴方向的运动上，也就是重点关注副翼舵的控制，压着副翼舵让水平方向速度慢下来。

当无人机已经在横轴或纵轴方向平稳地接近目的地时，就可以提前给一个反向的舵量，使无人机在横轴或纵轴方向稳定下来，不再飘移，随后可以观察到无人机始终处于一个非常稳定的状态。由于多旋翼无人机不可能绝对静止，还是会有小范围飘移，因此飞手要仔细观察无人机姿态，然后及时施加小舵量纠正即可。

在无人机操控中，一定要保持清晰的思路，无论无人机怎么动，都可以将其分解为纵轴、横轴和立轴 3 个方向的运动，都在飞行的 6 个自由度内，只要分别稳定控制即可。例如，无人机往斜后 45°方向飘移，那么飘移方向可以分解为横轴和纵轴两个运动方向的叠加，即横轴右侧运动和纵轴后方运动，由此，打舵就有了直观的依据。养成良好的操控习惯对全通道悬停至关重要；切忌没有明确方向胡乱打舵，那样根本无法对无人机形成有效稳定的控制。

双通道对尾（后面）悬停训练完成后，对侧（左边和右边）和对头（前面）的训练对初学者来说还是很有难度的，但是操控的方法大同小异，只是飞手相对于机头的位置发生了变化，特别需要飞手有正确的方向感，有的飞手表示对头和对侧也能很快掌握，基本不存在错舵的情况，这说明其方向感很好。对于大多数初学者，可以仍然想象成自己坐在无人机上驾驶无人机，这样无论是对头还是对侧，对无人机自身而言并不存在方位问题。

总之，初学者要加强练习，形成对侧和对头正确控制的条件反射，达到能对无人机采取最有效的控制。

6.4　全通道模拟训练

全通道模拟训练是指开放了操控无人机的所有通道，包括升降舵、副翼舵、方向舵、油门舵及其他开关通道，在模拟器中一般只涉及操控无人机运动的 4 个舵杆，经过双通道的训练，飞手已经掌握了 2 个舵杆同时协调操控的方法，基本养成了压舵的操控方式。

本节在升降舵和副翼舵操控的基础上，加入油门舵和方向舵，将训练难度又提升一级。全通道是最贴近真实无人机操控的项目，初学者需要加强练习，将基础打牢。

6.4.1 全通道对尾悬停训练

1. 训练科目

多旋翼无人机对尾悬停是无人机飞手需掌握的最基本的操控方式，在无人机的起降操作中，都会应用到对尾悬停。因此，本节练习全通道的对尾悬停机（图 6.33），飞手能以最直观的方式操控无人机，降低由于视觉方位给操控带来的困难。全通道对尾悬停可以训练飞手的基本操控方法，在 6.2 节、6.3 节主要训练打舵操作的柔和、精准的手感，全通道悬停训练主要训练飞手升降、副翼、方向和油门 4 个舵位间的协调及打舵能力，锻炼飞手对操控无人机的快速反应能力。完成全通道对尾悬停，就意味着正式入门无人机操控。

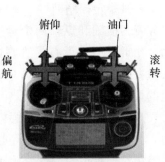

图 6.33 全通道对尾悬停（日本手）

2. 训练标准

（1）操控无人机完成定高、定点悬停。

（2）无人机水平方向不得飞出绿圈区域。

（3）无人机垂直方向不得出现大幅的掉高和飘高，上下浮动在 2 cm 以内。

（4）悬停时间在 2 min 以上。

3. 训练准备

1）模拟器准备

在模拟器界面中选择 F3C 方框场地（图 6.34），设置模拟器灵敏度为 100%。滚动鼠标滚轮，可使视角拉近或拉远。

图 6.34 F3C 方框场地

2）知识准备

无人机尾部朝向飞手，控制无人机起飞并使无人机稳定地悬停在红色靶心上方。这是无人机操控必须掌握的基本内容，由于无人机尾部朝向飞手，因此飞手可以完全按照自己的方位去判断无人机飞行的方位，能够以最直观的方式操控无人机，降低由视觉方位给操控带来的困难。在全通道对尾中，初学者最难掌握的就是对油门的控制，开始时无人机很难稳定做到定高。主要原因有两点。其一，油门操控中不够精细准确，没有提前量。如果无人机出现飘高的现象，就是油门收油晚了。而且，初学者在操控油门时容易出现大舵量，无人机就反复忽上忽下地运动。其二，在操控副翼时，不自然地附带了油门（俗称"混舵"）。

4. 训练技巧

全通道对尾悬停训练虽然开放了 4 个通道，但在训练中需要操控的只有升降、副翼和油门 3 个舵位。在操控中，精准控制油门是无人机能稳定悬停的根本。推油门起飞时要慢；无人机缓缓起飞到达预定飞行高度前就要缓缓收油，使无人机上升速度减缓；当接近悬停时勿再收油，如果无人机往下坠，就重新给一点油；之后反复微调，稳住飞行高度。

全通道训练时，无人机水平方向会存在飘移，对无人机飘移的纠正一定要及时、快速，应将无人机的飘移细分为横轴和纵轴两个方向来进行操作，保持清晰的打舵思路，独立进行打舵纠正飘移。

6.4.2　全通道对侧悬停训练

1. 训练科目

无人机在 F3C 方框内升空后，飞机原地旋转 90°；对飞手而言，分别机头向左（左对侧）、机头向右（右对侧），完成定点悬停。

对侧悬停的标准：无人机旋转 90°到左（右）对侧，操控无人机完成定高定点悬停，无人机不得飞出绿圈区域，不得出现大幅的掉高和飘高，悬停 1 min 后旋转至右（左）对侧，完成定高定点悬停 1 min。

2. 训练准备

与对尾悬停相比，对侧悬停的最大困难在于无人机的方位与飞手的方位不一致。以左对侧为例，若打左副翼，则飞机靠近飞手，而不是对尾情况下的向左倾。因此在练习中，初学者需要克服原有条件反射型的打舵方式，避免导致无人机错舵。

3. 训练技巧

开始练习时，初学者很难完成对侧的悬停，这时可以将对侧难度降低，先完成斜45°对尾的悬停训练，再逐渐适应从对尾到对侧的打舵变化。

斜45°对尾练习时应注意：虽然该状态下无人机的打舵方式类似于对尾，但是在练习时，飞手容易侧过身，想象成自己是在控制对尾飞行，这是不可取的，因为练习斜45°对尾是为对侧做准备。在练习中，需要注意副翼和升降的协调配合，完成斜45°对尾悬停后，可以逐渐增大角度到斜70°对尾，最后到完全对侧。

在对侧练习中，除了在全通道对尾中运用到的升降舵、副翼舵和油门舵，还会间断性地用到方向舵，下面对方向舵的操控进行介绍。方向舵的打舵一定要柔和、缓慢且均匀，也就是将方向舵往左或往右时要轻轻压住一点舵量，使无人机缓慢地进行旋转；当无人机旋转至目标姿态时，就回中，停止转动。

在旋转的过程中，飞手会面临很多问题，如无人机一转就飘走了或一转就掉高了。其实，模拟器中的无人机模型是很稳定的，假如在无人机稳定悬停时手离开遥控器，同时轻轻压住一点方向使其转动，就会发现无人机其他方向虽然可能会飘但绝不会出现快速飘远或直接掉高的现象。出现这些问题的原因是在转动方向舵时，打了一些没有必要的舵量。例如，无人机纵轴方向没有飘移，飞手却进行了升降舵的修正操作，这对于无人机的稳定就是多余的操控。至于油门舵，只要保持稳定的舵量就可以了，切记不要在打副翼舵时添加油门的混舵舵量。

操控方向舵应尽量在无人机保持稳定悬停的前提下进行，而且转动过程中应尽量少调整升级舵和副翼舵，不要做多余操作。

6.4.3 全通道对头悬停训练

1. 训练科目

无人机在F3C方框内升空后，打方向舵使无人机原地旋转180°，使机头朝向飞手，完成定高、定点悬停。

全通道对头悬停标准：操控无人机原地旋转180°至对头状态，过程平稳，完成定高、定点悬停，无错舵，无人机不得飞出绿圈区域，不得出现大幅的掉高和飘高，悬停时间达2 min。

2. 训练准备

对初学者而言，对头悬停会非常困难，因为除了油门不变外，其他3个舵的打舵方式和对尾悬停相比刚好都是相反的，尤其是升降舵和副翼舵。例如，拉升降舵时，无人机远离飞手飞行，而推升降舵时，无人机会朝飞手飞行。初学者在练习时往往用自己的方位感去判断无人机的方向从而进行打舵，这样就很容易造成错舵。虽然在单通道和双通道模拟训练中也有对头悬停训练，但在这些训练中只涉及一个或者两个舵杆，操控相对简单，也就是说，还有充足的时间思考打舵方式，即使打舵有些延迟，仍能稳定地控制无人机。在全通道训练中，由于全部通道都开放，而且得思考对头状况下相反的舵位操作，因此对操控反应的要求非常高，很多初学者难以完成。对此，在训练中要注意一些技巧。

全通道对头悬停与对侧悬停有一定的相似性，除了方位感不同外，其他基本类似。在练习对头悬停的过程中，由于飞手已经能完成对侧悬停，所以为了降低难度，可借鉴练习对侧悬停的方法，先完成斜45°对头悬停训练，再用对侧的打舵方式来逐步适应对头的打舵方式，慢慢建立对头状态下打舵的条件反射。

6.4.4　全通道 8 位悬停训练

1. 训练描述

无人机在 F3C 方框内升空后，依次进行 8 个方位的悬停：对尾悬停→斜对尾45°悬停→对侧悬停→斜对头45°悬停→对头悬停→斜对头45°悬停→对侧悬停→斜对尾45°悬停→对尾悬停，整个过程下来飞机自转一圈。

全通道 8 位悬停标准：无人机在旋转过程中的每个位置都姿态平稳，旋转匀速，无错舵，飞机不得飞出绿圈区域，不得出现大幅的掉高和飘高。

2. 训练准备

全通道 8 位悬停训练是对无人机悬停操作的巩固和提升，是无人机自旋训练的过渡练习阶段。由于在此之前飞手已经对 4 位悬停很熟练，因此 8 位悬停的实现难度并不是很大，唯一需要适应的是加入方向舵之后的操作。在练习 8 位悬停时需要注意，每个位置都要很清晰，而且在每个位置的旋转中需要保持缓慢均匀的旋转速度，这对于保持无人机稳定很重要。只要能熟练完成无人机从一个位置到另一个位置的旋转，就很容易掌握 8 位悬停。

在 8 位悬停的练习中，在打舵上需要注意一些操作，升降、副翼、方向、油门 4 个舵杆并不是都需要分散注意力去操控，其中油门舵和 4 位悬停一样，只要保持稳定的油门舵量就能稳住飞机高度，而方向舵也只是在旋转时轻轻压住小舵量（既可顺时针旋转也可逆时针旋转，主要依飞手习惯而定），无人机即可匀速、缓慢地转动。对于副翼舵和升降舵，应将操控重点放在升降舵和副翼舵对无人机飘移误差的调整上。在 8 位悬停操作时，要求飞手熟练掌握对尾、对头及对侧的打舵操作。8 位悬停升降舵和副翼舵的调整讲究速度快，简单来说就是一发生飘移就马上打舵纠正，当然，这是建立在飞手对每个位置上的打舵方式都很熟练的基础上，如果基础不扎实，就很难做到及时打舵纠正。

6.4.5　全通道定高自旋

1. 训练描述

无人机在 F3C 方框内升空后，首先保持定高稳定悬停，其次缓慢操纵方向控制杆，旋转无人机方向，匀速、缓慢地绕机体中轴线顺时针方向（或逆时针方向）旋转 1 圈，如图 6.35 所示。

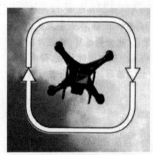

图 6.35　全通道定高自旋

全通道定高自旋标准：无人机在自旋过程中姿态平稳、匀速连贯，出现飘移时能及时打舵纠正，不得飞出绿圈区域，高度稳定，无掉高、飘高等，旋转用时应在 6~20 s 之间。

2. 训练准备

8 位悬停是为无人机定高自旋做准备的，无人机全通道自旋近似于中间不停顿的 8 位悬停，但是操作难度大于 8 位悬停。这是因为，8 位悬停可以先转到位，再打舵调整无人机姿态，但自旋必须保证无人机转动的连贯性，也就是说，在旋转过程中如果无人机出现了飘移误差，则必须在保证在无人机旋转速度不减慢的情况下对无人机姿态进行调整，从而难度加大，对飞手的方位判断要求很高，因此飞手必须对无人机每个位置打舵的方法形成条件反射，避免因为错舵而导致无人机自转失败。

在定高自旋过程中，打舵操作类似于 8 位悬停，升降、副翼、方向、油门 4 个舵杆并不都需要分散注意力去操控。其中，油门舵和 4 位悬停一样，只要保持稳定的油门舵量就能稳住无人机高度；方向舵则需要始终轻轻压住小舵量，这时无人机已经能定高和匀速旋转了。在无人机旋转过程中出现飘移是很正常的现象，飞手应保持平和的心态，仔细分析无人机的姿态和如何打舵纠正，将注意力放在升降舵和副翼舵对无人机飘移误差的调整上。飞手对升降舵和副翼舵的调整速度应快，简言之，一旦发生飘移就马上打舵纠正，而且边旋转边纠正，不要只顾纠正而忘了旋转。

第 7 章

四旋翼无人机飞行训练

7.1　四旋翼无人机的飞行技术训练

7.1.1　悬停训练

7.1.1.1　起降训练

完成检测步骤后便可以尝试起飞。起飞训练应参照遥控发射器握姿训练，遥控发射机操作杆需要拇指和食指的配合控制，即采用捏杆姿势。

机头方向与飞手的视野方向相同。双手拇指和食指控制操作杆，匀速缓慢地推动油门，直到四旋翼无人机（以下简称"四旋翼"）开始离地，切忌快速改变油门。离地后，四旋翼将会出现往前、后、左、右等方向偏移以及自旋的现象，悬停时还会出现上下浮动的现象。

当四旋翼有向前偏移的趋势时，应小量、多次拉升降舵，使四旋翼回到原位。修正过程中，四旋翼姿态向后倾斜，在回位前稍微推升降舵，将飞机姿态修平。

当四旋翼有向左侧偏移的趋势时，应小量多次打右副翼，使四旋翼回到原位。修正过程中，四旋翼姿态向右倾斜，在回位前稍微打左副翼，将飞机姿态修平。

当四旋翼有升高的趋势时，应稍微减少油门量，如图 7.1（a）所示，使四旋翼回到原位。若修正过大，使四旋翼高度低于原点，则应再稍微推油门，使四旋翼回到原点，如图 7.1（b）所示。

当四旋翼有逆时针自旋的趋势时，应小量、多次打右方向舵，如图 7.2（a）所示，使四旋翼机头摆正，即将摆正时方向舵回中。若修正幅度过大，则稍微打左方向舵，使机头回到原点，如图 7.2（b）所示。

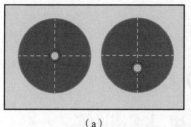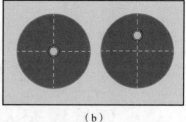

（a）　　　　　　　　　　　　（b）

图 7.1　升高偏移的调整

（a）减少油门量；（b）增加油门量

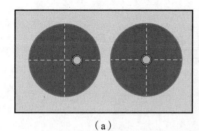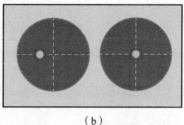

（a）　　　　　　　　　　　　（b）

图 7.2　逆时针旋转的调整

（a）打右方向舵修正逆时针旋转；（b）打左方向舵摆正机头

对于其他偏移和自旋的调整方式，可以根据以上内容自行总结和练习。

第 1 步，起飞。

将四旋翼上升至离地 2～3 m 内调整姿态，保持悬停后，轻缓收低油门，待四旋翼有下降趋势时保持油门杆位。

第 2 步，降落。

缓慢降落，贴近地面约 50 cm 时，轻微改变油门使四旋翼平稳着陆，即完成一次起降训练。

7.1.1.2　对尾悬停

熟练掌握四旋翼的起降操作后，开始对尾悬停训练，飞行范围为图 7.3 所示的 3 m×3 m 正方形区域。

对尾悬停即四旋翼机头方向与飞手视野方向一致，机尾面对飞手。悬停过程中，四旋翼会向随机方向偏移甚至上下浮动，修正时切忌使用大舵量，而应使用小量多次打舵。例如，当四旋翼向左偏移时，操纵遥控器打右方向舵，使四旋翼机身向右倾斜后，可能有以下几种情况。

（1）若四旋翼有向右的趋势或者向左运动速度明显减小，则说明本次操作舵量适中。

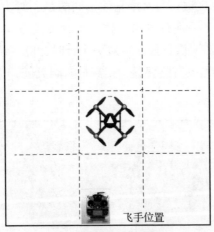

图 7.3　对尾飞行范围

（2）若四旋翼变为向右快速运动，则说明本次操作舵量过大，需要小量、多次打左副翼舵，观察四旋翼姿态为左倾斜靠惯性慢慢向右偏移。

（3）若四旋翼继续向左运动，并无减速趋势，则说明本次操作舵量过小，需要继续小量、多次打右副翼舵，并观察四旋翼姿态。

第 1 步，起飞前检查。

检查四旋翼正常后安装电池，等待电调自检完成。

第 2 步，起飞。

进行解锁，待蓝灯快闪后轻推油门，让四旋翼平稳上升至地面上方 3 m 处悬停。

第 3 步，保持悬停姿态。

及时操作油门舵、方向舵、副翼舵和升降舵，保持四旋翼姿态稳定，机尾始终面朝飞手。

第 4 步，降落。

悬停时间达到 1 min 后，控制油门使四旋翼缓慢降落。

第 5 步，更换电池。

落地后在不关闭遥控器的情况下取下电池，更换新电池，再从第 1 步开始练习。

对尾悬停训练的标准：定点悬停时，前、后、左、右 4 个方向的偏移不超过一个机身；上下浮动范围不超过 50 cm；定点悬停持续时间不少于 1 min。

7.1.1.3　对头悬停

熟练掌握四旋翼的对尾悬停方法后，可以开始对头悬停训练，飞行范围仍为 3 m×3 m 正方形区域。与对尾悬停不同的是，对头悬停时，机头方向面向飞手，机尾方向与飞手视野方向一致，此时飞控方向与飞手所面对的方向相反，所以水平方向需要取反操作。对头飞行时，应注意以下几点：

（1）若四旋翼向飞手右侧偏移，则需打右副翼舵，如图 7.4 所示；反之，打左副翼舵。

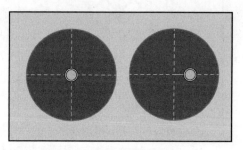

图 7.4　对头右偏的修正方法

（2）若四旋翼远离飞手，则需推升降舵，如图 7.5 所示；反之，拉升降舵。

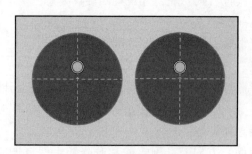

图 7.5　对头远离的修正方法

（3）若四旋翼逆时针自旋，则需打左方向舵，如图 7.6 所示；反之，打右方向舵。

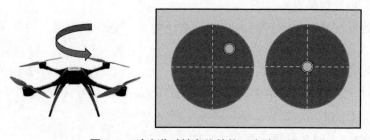

图 7.6　对头逆时针自旋的修正方法

（4）上升、下降与对尾一致。

进行对头悬停训练的步骤和标准与对尾悬停训练基本相同，不再赘述。

7.1.1.4　对侧悬停

熟练掌握四旋翼的对头悬停方法后，就可以对侧悬停训练，飞行范围相同。对侧悬停分为左对侧悬停和右对侧悬停。

当四旋翼进行左对侧悬停时，机头方向在飞手的左侧。操作时应注意：①若四旋翼向飞手右侧偏移，则需推升降舵；反之，拉升降舵。②若四旋翼远离飞手，则需打左副翼舵；反之，打右副翼舵。

当四旋翼进行右对侧悬停时，机头方向在飞手的右侧。操作时应注意：①若四旋翼向飞手右侧偏移，则需拉升降舵；反之，推升降舵。②若四旋翼远离飞手，则需打右副翼舵；反之，打左副翼舵。

进行对侧悬停训练的步骤和标准与对尾悬停训练基本相同，相同部分不再赘述，不同之处是在前面标准的基础上，要求左右换向平稳。

7.1.1.5　斜 45°对侧悬停

熟练掌握四旋翼的对侧悬停方法后，可以开始斜 45°对侧悬停训练。斜 45°对侧悬停分为 4 个训练项目：对尾左斜 45°、对尾右斜 45°、对头左斜 45°、对头右斜 45°。

1）对尾左斜 45°

若四旋翼向飞手左侧偏移，则应该打右副翼舵，同时拉升降舵进行修正；右偏时，反向操作。

若四旋翼向远离飞手方向偏移（向前偏移），则应该打左副翼舵，同时拉升降舵进行修正；靠近时，反向操作。

2）对尾右斜 45°

若四旋翼向飞手左侧偏移，则应该打右副翼舵，同时推升降舵进行修正；右偏时，反向操作。

若四旋翼向远离飞手方向偏移（向前偏移），则应该打右副翼舵，同时拉升降舵进行修正；靠近时，反向操作。

3）对头左斜 45°

若四旋翼向飞手左侧偏移，则应该打左副翼舵，同时拉升降舵进行修正；右偏时，反向操作。

若四旋翼向远离飞手方向偏移（向前偏移），则应该打左副翼舵，同时推升降舵进行修正；靠近时，反向操作。

4）对头右斜 45°

若四旋翼向飞手左侧偏移，则应该打左副翼舵，同时推升降舵进行修正；

右偏时，反向操作。

若四旋翼向远离飞手方向偏移（向前偏移），则应该打右副翼舵，同时推升降舵进行修正；靠近时，反向操作。

进行斜45°对侧悬停训练的步骤和标准与对尾悬停训练基本相同，不再赘述。

7.1.2 综合飞行训练

完成悬停训练后，就可以进行综合飞行训练了。综合飞行训练项目主要包括"米"字飞行和"8"字飞行。这两项训练均以轴距为450 mm的四旋翼为例。

1. "米"字飞行

"米"字飞行要求飞手在3 m×2 m的矩形区域内对侧飞行出图7.7所示的航线。

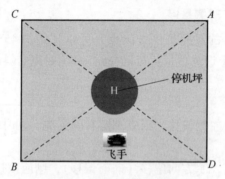

图7.7 "米"字飞行航线

具体的航线说明如下。

（1）当四旋翼起飞后，控制四旋翼对尾悬停，平稳后右对侧悬停，如图7.8所示。

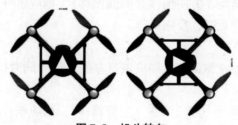

图7.8 机头转向

（2）以右对侧姿态径直飞往A点。

（3）到达A点后，径直倒退到B点。

（4）到达 B 点后，径直飞回原点。

（5）到达原点后，平稳打方向舵，调整机头变为左对侧，如图 7.9 所示。

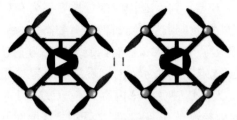

图 7.9　机头转向

（6）以左对侧姿态径直飞往 C 点。

（7）到达 C 点后，径直倒退到 D 点。

（8）到达 D 点后，径直飞回原点。

（9）到达原点后，平稳打方向舵，调整机头变为对尾。

"米"字飞行训练的基本步骤与对尾悬停训练相同，不再赘述。

"米"字飞行训练的标准如下：

（1）四旋翼起飞和降落柔和平稳。

（2）飞行旋转过程中，高度稳定在目视高度，无掉高，无飘高。

（3）水平方向不能飘出直径 1 m 的停机坪。

（4）四旋翼旋转过程中出现飘移就及时打舵纠正，边转边纠正，不能停止转动，转一圈的用时在 20～30 s 之间。

2. "8"字飞行

"8"字飞行要求飞手在 3 m×2 m 矩形区域内飞行，依次飞过 7 个点上方，飞过的路径为一个圆润的"8"字，飞行区域及航线如图 7.10 所示。

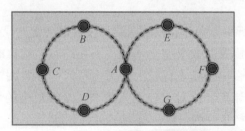

图 7.10　"8"字飞行区域及航线

具体的航线说明如下：

（1）将四旋翼对尾悬停于 A 点。

（2）由 A 点飞往 B 点，到达 B 点时四旋翼姿态为左对侧。

（3）由 B 点飞往 C 点，到达 C 点时四旋翼姿态为对头。

（4）由 C 点飞往 D 点，到达 D 点时四旋翼姿态为右对侧。

（5）由 D 点飞回 A 点，到达 A 点时四旋翼姿态为对尾。

（6）由 A 点飞往 E 点，到达 E 点时四旋翼姿态为右对侧。

（7）由 E 点飞往 F 点，到达 F 点时四旋翼姿态为对头。

（8）由 F 点飞往 G 点，到达 G 点时四旋翼姿态为左对侧。

（9）由 F 点飞回 A 点，到达 A 点时四旋翼姿态为对尾。

"8"字飞行是无人机驾驶员考证内容之一，该项目可以充分考察飞手对于无人机能否做到有效控制。在"8"字飞行中，需要对升降舵、油门舵、方向舵和副翼舵四个舵之间的协调控制，对飞手的操控技术有很高的要求。

对于以上 8 段，航线可以采取分段化练习的方式。从 A 点到 B 点的过程中，就是四位悬停中对尾旋转至左对侧的过程，加推升降舵，使四旋翼匀速往前走，简单概括为匀速旋转加推升降。如果四旋翼旋转速度和前进速度不协调，导致四旋翼没有按"8"字飞行，则还需要打副翼舵纠正，保证四旋翼在飞到 B 点时能准确处于对侧位置。同理，在剩下的每段航点间的飞行中都是一样的操作，但是四旋翼方位的变化外加飞手观察四旋翼视线的变化，会给飞行造成一定的干扰，只要四位悬停基础扎实，就能降低方位变化对飞手产生的影响，多加强练习，就能熟练协调 4 个舵位达到稳定"8"字飞行效果。

"8"字飞行的窍门在于注意控制四旋翼前进的速度，除了前面提到的匀速外，还得保持低速，只有缓慢前进的速度才能给飞手充分的反应时间去调整四旋翼的旋转速度及角度，或者去打副翼舵纠正四旋翼的侧滑偏移，所以不能让四旋翼的前进速度变快，一旦速度加快，四旋翼将出现两种情况：还未旋转到位，就已经到下一个航点；四旋翼侧滑出大段距离，无法继续按航线飞行。

在"8"字飞行中务必养成控制四旋翼在目视高度飞行的习惯。目视以上与目视以下观察四旋翼的效果完全不同，若在练习四旋翼时习惯去用目视以下的角度观察，那么在外场飞行较大的无人机时会非常困难，常常会找不准无人机的方位导致错舵，这对操控无人机来说是很危险的情况。因此，在练习四旋翼时就该保持良好的习惯，打下坚实的基础。

若轨迹不够圆润，就要适当改变方向舵的舵量，同时还要打副翼舵进行修正。有向内偏离的趋势时，就打右副翼舵，将四旋翼向外拉；有向外偏离的趋势时，就打左副翼舵，将四旋翼向里拉。

"8"字飞行训练的基本步骤与对尾悬停训练相同，不再赘述。

"8"字飞行训练的标准如下：

（1）四旋翼的起飞和降落柔和平稳。

（2）飞行过程中，高度稳定在目视高度，无掉高，无飘高。

（3）在航线飞行时四旋翼踩点准确，在 7 个航点处的姿态清晰：在 *B* 点时为左对侧，*C* 点时为对头，*D* 点时为右对侧，*A* 点时为对尾，*E* 点时为右对侧，*F* 点时为对头，*G* 点时为右对侧。

（4）四旋翼航线准确，在各个航点间飞行时要画出弧度，不得按直线飞行。

（5）四旋翼航线飞行时前进速度均匀，打方向舵旋转速度均匀。

（6）四旋翼在各航点间飞行时，如果发生侧滑，则应及时通过打副翼舵纠正。

7.2　四旋翼无人机的飞行技巧

1. 天气因素对飞行的影响

影响无人机飞行的气象环境主要包括风速、雨雪、大雾、空气密度、大气温度等。

风速：建议飞行风速在 4 级（5.5~7.9 m/s）以下，遇到楼层或者峡谷等，应注意突风现象。通常起飞质量越大，抗风性越好。

雨雪：市面上多数无人机设备无防水功能，故雨雪形成的水滴会导致飞行器电子电路部分短路或漏电。此外，机械结构部分零件为铁或钢等金属材料，进水后会腐蚀或生锈，影响机械运动正常运行。

大雾：主要影响飞手的视线和镜头画面，导致飞手难以判断实际安全距离。

空气密度：随着海拔高度的增加，大气层空气密度减小。在空气密度较低的环境中飞行时，飞行器的转速增加、电流增大，进而减少续航时间。

大气温度：飞行环境温度非常重要，高温主要不利于电动机/电池/电调等的散热。大多数无人机采用风冷自然散热。温度环境与无人机运行温度的温差越小，散热就越慢。

2. 不同飞行模式下的飞行效果及使用体会

这一部分再次给出无人机的不同飞行模式，请读者体会其中的试飞效果和感触。

1）自稳模式（Stabilize）

自稳模式是最基本的，也是使用得最多的飞行模式。起飞和降落都应该使用自稳模式。在此模式下，飞控会让飞行器保持稳定。一定要确保遥控器上的开关能方便无误地拨到该模式，应急时会非常重要。

2）手动控制模式（Aero）

手动控制模式是非稳定模式，这时 APM 将完全依靠遥控器进行遥控控制，新手慎用。

3）定高模式（ALT_HOLD）

定高模式是使用自动油门，试图保持目前高度的稳定模式。在使用该模式时，要注意油门死区的影响。只有油门动作幅度超过这个死区时，无人机才会响应升降动作。当进入任何带有自动高度控制的模式后，目前的油门将被用作调整油门保持高度的基准。

4）悬停模式（Loiter）

悬停模式是 GPS 定点 + 气压定高模式。应该在起飞前先让 GPS 定点，以免在空中突然定位时发生问题。其他方面与定高模式基本相同，只是在水平方向上由 GPS 进行定位。

5）简单模式（Simple Mode）

在每个飞行模式的旁边都有一个 "Simple Mode" 复选框可以勾选。简单模式时，无人机将解锁起飞前的机头指向作为遥控器前行操纵杆的指向，这对新手而言非常有用。

6）自动模式（AUTO）

自动模式下，无人机将按照预先设置的任务规划控制飞行。在解锁起飞前，必须确保 GPS 已经完成定位（APM 板上蓝色 LED 灯常亮）。

7）返旋翼无人机式（RTL）

GPS 在每次解锁前的定位点，就是当前 "家" 的位置。进入返旋翼无人机式后，无人机会升高到 15 m（如果已高于 15 m，就保持当前高度），然后飞回 "家"。

8）绕圈模式（Circle）

在绕圈模式，无人机以当前位置为圆心绕圈飞行。此时机头不受遥控器方向舵的控制，始终指向圆心。圆的半径可以通过高级参数设置调整。

9）指导模式（Guided）

此模式需要地面站软件和飞行器之间通信。连接后，在任务规划器（Mission Planner）软件界面上，在地图上任意位置点单击右键，在弹出的快捷菜单中选择 "Fly to here"（飞到这里），再输入高度数据，无人机就会飞到指定位置和高度并保持悬停。

10）跟随模式（Follow Me）

飞手笔记本电脑中的 GPS 会将位置信息通过地面站和数传电台随时发给

无人机，无人机将跟随飞手移动。

3. 无人机平稳飞行操作

初级阶段：复习遥控器的使用及功能分配，练习无人机的平稳垂直起降，左、右、前、后的直线平移，培养自主操控意识。

中级阶段：复习遥控器的使用及功能分配，养成良好的遥控器使用习惯，用 GPS 模式练习定点四面悬停，加强自主控制意识。

高级阶段：复习遥控器的使用及功能分配，养成良好的遥控器使用习惯，用 GPS 模式练习 360° 自旋及水平 "8" 字飞行，直至可以在无 GPS 信号（姿态）的情况下控制无人机，并能操作无人机 360° 自旋及水平 "8" 字的飞行练习。

4. 飞行场地选择

1）尽量避免周边电磁干扰源多的区域

首先，现在主流的飞行器无线电遥控设备采用 2.4 GHz 频段，而家用的无线路由均采用 2.4 GHz 频段，虽然发射功率不高，但在城市区的数量大，难免会干扰遥控器的无线操控，导致失控。其次，为保证手机信号的覆盖率，国内三大电信运营公司（电信、移动、联通）在城内或乡镇地区密集性建设地面基站网络。虽然次无线发射信号的频率和无人机遥控设备的频率相差较大，但由于地面基站发射功率较大，当无人机靠近时，会直接影响飞控的正常工作。最后，部分较大型无线电设备将直接影响飞行，如雷达、广播电视信号塔、高压线（电弧区）等。

2）尽量避免在人群稠密或闹市区飞行

人群稠密区的人流量大，坠机事故会对人造成伤害。公园的树木多，无人机高速飞行时容易撞到树枝而受损。避免让无人机在水面上飞行，因为无人机视觉定位模块容易受到水面的影响，导致无人机坠入水中。无人机飞行时，还应注意地面相对环境的变化，特别是在无人机起飞和降落时，应注意小孩、老人的位置等。

3）禁止在禁飞区飞行

近年来，多地曝出无人机闯入禁飞区的危险事件。根据民航局的现有规定，民用机场都划有机场净空区，这主要是为了保证飞机在起飞和降落期间的安全。

5. 飞行前检查列表和飞行日志信息

与全尺寸飞行器一样，飞行前检查列表和飞行日志对维护安全飞行器和飞行环境至关重要。飞行前检查列表包含的要素主要有：

（1）日期和时间。

（2）确定的位置（安全起飞和着陆的区域）。

（3）飞手和飞行团队其他成员（如观察员或摄像头操作员）。

（4）所有线路和硬件连接牢固。

（5）飞行器、电台与频道、飞行模式/设置。

（6）使用的螺旋桨和电池。例如，标记和跟踪每块电池的使用情况。

（7）GPS：锁定的卫星数量。

（8）天气、太阳的方向、风向和风速。最大安全风速取决于飞行器的质量和设计。较重的多轴飞行器可以承受更强的风。而且，要避开雨雪天。

（9）目的/主题、任务和联系人。

（10）潜在危险和每种危险的应对策略。

（11）达到的高度与速度。

（12）载荷安全（最好在无载荷条件下起飞）。

（13）摄像机设置和内存卡可用空间。

（14）飞行长度和观测数据。例如，设备或者在体验中是否出现任何不正常的现象，绝对不要飞跃人群或者车流。

飞行前检查列表中的大部分信息都可用于生成飞行日志。重要的是记录每次飞行。这有助于飞手识别所收集数据中的模式，改善 UAV 的制作和飞行性能。记录飞行日志的另一个好处是，能够表明自己始终坚持在飞行中以安全作为第一要务，在飞行受到质疑时能更好地证明自己的动机。

6. 飞行和维护日志

除了飞行日志之外，本书建议为 UAV 保留单独的维护日志。日志既可以是简单的纸张和活页夹，也可以是以数字化形式保存的详细文件。其内容包括：记录每次进行的维修或改进，以及维护时间；回答"造成问题的原因是什么？"和"为什么必须进行维修或者更换？"等问题；在工作结束时完成的相关测试，并记录观察到的现象。使用高质量的组件有助于减少难题和维修，以及文档记录的时间。例如，与塑料机件相比，金属件更耐久。

参 考 文 献

[1] 张宇雄. 电动模型飞机动力系统配置 [M]. 北京：北京航空航天大学出版社, 2015.
[2] 马丁·西蒙斯. 模型飞机空气动力学 [M]. 肖治垣, 马东立, 译. 北京：航空工业出版社, 2007.
[3] 朱宝鎏. 无人机空气动力学 [M]. 北京：航空工业出版社, 2006.
[4] KILBY T, KILBY B. 自己动手制作无人机 [M]. 姚军, 等译. 北京：机械工业出版社, 2017.

附录

常用接头焊接

模型飞机上可能用到的插头有十余种，在此主要介绍电动模型飞机动力系统中用得最多的两种连接插头（"香蕉"插头和T形插头）、常用的硅胶导线，以及插头与导线的焊接方法。

1. "香蕉"插头及焊接

"香蕉"插头（图A.1）也被称为"金手指"，因其由高纯度铜材制成，且表面常常镀金、看上去金光闪闪而得名。理论上，导电性最好的3种金属依次是银、铜、金。但纯银易与空气中的氧气和水蒸气发生氧化反应，形成黑色的氧化膜，导致插头表面发黑，失去银白色的光泽。金的化学性质十分稳定。因此，"香蕉"插头采用了纯铜镀金的工艺，能保证大电流下电路的可靠连接。

图A.1　纯铜镀金的"香蕉"插头

"香蕉"插头的优点是连接可靠、易于插拔，多用于电动机与电调的连接。通常在电动机端使用公头，在电调端使用母头（图A.2）。建议在插头的外皮上包裹不同颜色的热缩管，以便区分（图A.3）；热缩管直径略大于插头直径最佳。

图A.2　用"香蕉"插头母头连接电动机，T形插头连接电调

图 A. 3　用不同颜色的热缩管区分导线用途

　　旋翼无人机常用的"香蕉"插头有两种规格：直径 3. 5 mm 和直径 4. 0 mm。前者多用于中小型电动机，后者多用于较大型电动机。在超小型无人机上，有时为减重需要也会用到直径 2. 0 mm（甚至选择直径 1. 5 mm）的"香蕉"插头。

　　插头虽小，却会影响整个动力系统的运行质量，因此插头的焊接质量十分关键。焊接"香蕉"插头前，应解决固定焊接件的问题。因为铜质"香蕉"插头的导热性好，所以在整个焊接过程中它的温度非常高，无法用手触碰。如果使用钳子固定"香蕉"插头，金属钳子不仅易损坏插头的镀金层，还会带走一部分热量，不利于焊锡融化。因此，常用一块表面打孔的木板（平时打孔用的垫木），在其上选择一个已有的孔或重新打孔，并把"香蕉"插头固定在其中。

　　如果"香蕉"插头的直径为 3. 5 mm，则焊接公头的孔径应在 3 mm 左右，焊接母头的孔径在 3. 5 mm 左右，深度为 8 ~ 10 mm 即可。焊接的具体步骤如下。

　　第 1 步，固定插头。将插头塞进木板的孔里，确保其不会晃动，但可用镊子轻易拔出，并露出侧面的焊接辅助孔，如图 A. 4 所示。

图 A. 4　"香蕉"头插入后应露出侧面的焊接辅助孔

　　第 2 步，剥导线皮。在待焊接的导线上预先套热缩管，然后用剥线钳（或裁纸刀）小心地切开硅胶外皮，露出长约 3 mm 的线芯，如图 A. 5 所示。切开时，动作一定要轻，因为导线的硅胶外皮很软，稍不注意，一部分线芯就有可能被切断。如果使用调温烙铁，建议将温度控制在 300 ~ 350 ℃ 范围内；如果使用普通烙铁，建议使用功率为 40 ~ 60 W。烙铁尖一定要在清洁后上锡，这样融化的焊锡才能够将烙铁的热量快速传到"香蕉"插头（图 A.6）；若不上锡，则会因烙铁尖的接触面积过小而导致"香蕉"插头加热较慢。

图 A.5　露出长约 3 mm 的线芯

图 A.6　烙铁头必须能上锡良好

　　第 3 步，待焊导线上锡。焊接时，一般右手持烙铁，左手持焊锡丝。在焊锡丝上涂一点助焊剂或松香，一边旋转导线，一边给待焊导线上锡。注意：上锡要彻底且适度，以焊锡正好浸润所有芯线为宜（图 A.7），过多则会因导线头过大而插不进"香蕉"插头（图 A.8）。如果经验不足，建议在上锡后试一下，确保导线头能插进"香蕉"插头的焊接孔。上锡时，还应注意不要把导线的芯线弄散。

图 A.7　上锡以正好浸润芯线为宜

图 A.8　上锡过量

　　第 4 步，"香蕉"插头上锡。在焊锡丝上涂一点助焊剂或松香，让烙铁头从"香蕉"插头侧面的焊接辅助孔进入，焊锡丝伸入其焊接孔内，待融化的焊锡填满焊接孔体积的 1/2 即可撤走焊锡丝，如图 A.9 所示。

　　第 5 步，焊接导线。撤走焊锡丝后，首先保持右手的烙铁位置不动，使焊接孔内的焊锡始终处于融化状态。其次，左手拿起待焊导线，并将其垂直插入焊接孔内，轻微转动导线，使导线头上的焊锡与"香蕉"头焊接孔内的焊锡融为一体（图 A.10）。接着，撤走烙铁，保持左手位置不动。

图 A.9 焊接时，烙铁尖从侧面焊接辅助孔进行加热

图 A.10 保持焊锡温度，将导线插入"香蕉"插头的焊孔

第6步，收缩热缩套。焊接孔内的焊锡冷却后，可将预先套上的热缩管调整到合适位置，并用酒精灯（或打火机）收缩封好，在热缩管两侧加热，效果更佳，"香蕉"头的焊接就完成，如图 A.11 ~ 图 A.14 所示。如果无酒精灯或打火机，也可采用电烙铁烫热缩管使其收缩。

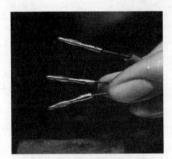

图 A.11 静待焊锡凝固

图 A.12 在焊接部位套上热缩管

图 A.13 用火焰加热热缩管

图 A.14 套好热缩管

2. T 形插头及焊接

T 形插头（图 A.15）多用于电池组与电调的连接。通常在电池端使用母头，在电调端使用公头。因为 T 形插头有防插反功能，所以其安全性较高。T 形插头的焊接点须用热缩管做绝缘保护，一般将横向接口接正极、纵向接口接负极，做工不好的插头较难插拔。

T 形插头的焊接较为简单，其步骤与"香蕉"插头的焊接类似，不过焊接件可用钳子或橡皮筋固定。在做大电流插头的焊接时，还需注意以下几点：

（1）焊锡质量要好，以易于熔化、杂质少为宜。

图 A.15　T 形插头

（2）焊接中须使用助焊剂或松香，防止金属表面氧化。

（3）由于大电流插头的焊点较大，冷却凝固时间长达数秒，因此在烙铁撤走后不要急于松手，而应继续保持固定件和持线手的稳定（图 A.16）。为防烫伤，可预先戴手套。

图 A.16　焊锡冷却前，持焊锡的手要保持稳定

（4）在凝固过程中，如果焊锡表面变灰暗、有孔洞，则说明其内部可能存在虚焊，需重新焊一次。正常的焊点，其焊锡光亮，浸润良好，无毛刺、孔洞。

（5）建议使用无腐蚀性的松香作为助焊剂（图 A.17）。如果使用酸性助焊剂，则最好在收紧热缩管前用酒精擦掉多余的助焊剂，以防其腐蚀导线和插头。

图 A.17　推荐使用松香作助焊剂

3. 硅胶导线

日常生活电路中导线的最大可承受电流都不大。例如，普通家用照明导线的最大可承受电流是 10 A，大功率家电（如空调）专用导线的最大可承受电流是 20～30 A。若电路中的电流超过了最大可承受电流，则导线会发热乃至发生线皮起火事故。由于电动模型飞机电流可达 100 A，因此其连接线绝不能采用普通导线。

现在旋翼无人机上多使用硅胶导线，如图 A.18 所示。这类导线的特点是：外皮采用硅胶材质，耐高温、质地柔软；芯线采用无氧纯铜制作，外表镀银，电阻率极小；执行美国线规（American wire gage，AWG）标准，芯线单股细、股数多，填充率和截面积都有保证。

图 A.18　硅胶导线

旋翼无人机中常用的规格有 16AWG 或 18AWG，可搭配直径 2.0 mm 或 3.5 mm 的"香蕉"插头，其最大可承受电流是 25 A。其中，"AWG"前面的数值表示导线形成最后直径前要经过孔的数量，数值越大，表示导线经过的孔就越多，导线的直径就越细，如图 A.19 所示。标号 14AWG 的硅胶导线比较常见，可搭配直径 3.5 mm 的"香蕉"插头，其最大可承受电流是 60 A。标号 12AWG 的硅胶导线可搭配直径 4.0 mm 的"香蕉"插头，其最大可承受电流为 80～100 A。如果动力系统的最大电流超过 100 A，则可能需要用到标号 10AWG 的硅胶导线，并相应地搭配更粗的插头。

40AWG ←————————→ 18AWG

图 A.19　AWG 导线标号